읽자마자
이해되는
열역학
교과서

기체 법칙과 방정식 · 에너지 · 열기관 · 엔트로피

읽자마자
이해되는
열역학
교과서

이광조 지음

기초부터 탄탄하게 다지는 열역학의 모든 개념과 원리

보누스

머리말

AI와 IoT로 대표되는 정보 첨단기술에 기반한 4차 산업혁명 시대를 살고 있는 우리는 몇백 년 전 초기 산업혁명을 탄생시킨 이론적 배경인 열역학을 왜 오늘날에도 배우는 것일까? 1차, 2차 산업혁명을 대표하는 증기기관은 이미 유물이 된 지 오래다. 석유를 사용하는 엔진역시 자연환경에 미치는 영향뿐 아니라 에너지 효율 측면을 따져보더라도 이제는 사라져야 할 운명만 남았다. 쉽게 말해 엔진도 쓰지 않는 전기 자동차 시대에 무슨 열역학이냐는 것이다.

하지만 전기 자동차를 움직이는 전기도 열역학에 기반해 만들어진다. 전기 생산의 대부분을 차지하는 화력 발전과 원자력 발전에는 모두 물을 끓여 증기를 생산해 발전하는 증기기관의 원리가 그대로 적용된다. 이는 먼 미래에 핵융합 발전이 상용화되더라도 달라지지 않을 것이다. 즉 기술의 발전이 근본과 원칙 자체를 바꾸지는 못한다. 열역학은 이 '근본과 원칙'을 다루는 학문이며 이를 알기 위해 오늘날에도 열역학을 공부하는 것이다. 어디든 고개를 들어 하늘을 보면 태양을 볼 수 있는데, 지구의 생명체가 존재할 수 있는 근본적 에너지를 제공하는 태양이 바로 열역학 덩어리 그 자체다.

필자는 같으면서도 다른 두 가지 교과서를 동시에 집필했다. 하나는 2022 개정 교육과정 과학 교과서로, 학교에서 수업할 때 쓰는 책이다. 국가 교육과정을 충실히 반영하기 위해 문구 하나하나를 공저자들과 함께 고민하고 다듬는다. 이를 위해 수십 시간의 회의도 마다하지 않는다. 그렇게 만들어진 책은 공신력을 갖춘 검정 교과서의 지위를 부여받는다.

그러나 모든 일에는 일장일단이 있듯이 창의적이고 개성 넘치는 내용은 이 과정에서 모두 사라진다. 엄격한 검정 기준을 통과해야 하기 때문이다. 따라서 이미 검정 기준을 통과한 이전 교과서의 내용과 표현이 가장 중요한 지침이자 집필 기준이 될 수밖에 없다. 교과서를 보면 시간이 지나도 변화가 더디고 하나같이 똑같이 느껴지는 이유가 바로 이 때문이다.

또 다른 교과서가 바로 이《읽자마자 이해되는 열역학 교과서》다. 이 책은 오로지 열역학을 쉽게 제대로 이해할 수 있는 길잡이가 되자는 목표만 있을 뿐, 굳이 필요하지 않은 틀이나 형식이 존재하지 않는다. 여러분의 이해를 도울 기회를 잘 살려보고자 하는 마음으로 창의력과 개성을 마음껏 펼치며 기존 물리학적 서술과 똑같은 진부한 책에서 벗어나려고 노력했다. '에너지 보존 법칙'을 용돈에 빗대 설명하고, 엔진의 핵심 구동 원리인 열역학 과정을 '먹고 운동하고 남은 만큼 살이 찌는 개념'으로 접근하는 등 기존 물리학 책에서 볼 수 없던 다양한 접근 시도를 만나게 될 것이다.

이 책은 학교에서 배우는 열역학과 전공으로 공부하는 열역학 사이에 생기는 거대한 간극을 연결할 의도로 집필했다. 다시 말해 중·고등학교 열역학의 중요한 개념을 모두 정리하는 것은 물론 더 나아가 대학 열역학의 기초 부분과 방향성도 함께 다룬다.

이 책에도 문제들이 나온다. 얼핏 보기에 어렵게 느껴질 수도 있지만, 문제에 접근하고 해결하는 저자의 방식을 자세히 서술했기 때문에 이를 따라가다 보면 오히려 열역학 개념들을 더욱 쉽게 이해할 수 있다. 이를 통해 공식에 의존하지 않고 개념에 근거해 문제를 해결해 내는 자신을 발견하게 될 것이다. 부디 즐거운 열역학 여정이 되기를 기원하며….

이광조

차 례

3장 열이란 무엇일까

 ## 4장 열역학 법칙이란 무엇일까

1장

열역학이란 무엇일까

우주 전체에 적용되는 대법칙

수많은 물리학 법칙 중에서 가장 중요한 것 딱 하나만 소개하라고 한다면, 주저 없이 에너지 보존 법칙을 뽑을 것이다. 물리학은 결국 에너지를 연구하는 학문이다. 따라서 에너지 보존 법칙이야말로 자연의 섭리와 작동 원리를 가장 확실하게 제시하는 법칙이라 할 수 있다. 에너지 보존 법칙을 간단히 정리하면 다음과 같다.

에너지는 한 곳에서 다른 곳으로 이동할 수 있고, 한 형태에서 다른 형태로 전환이 가능하다. 하지만 절대로 새로 만들어지거나 소멸될 수 없다.

한마디로 '우주에 존재하는 에너지의 총합은 일정하다'라는 법칙이다. 이는 물리학자들 사이에서 오늘날까지도 우주에 관해 만들어낼 수 있는 가장 강력한 일반화 법칙으로 받아들여지고 있다. 그렇다면 우리는 이렇게 위대한 우주의 법칙을 어떻게 알아냈을까?

부모님께 용돈을 받아 10만 원이 생겼다고 가정해 보자. 나는 10만 원이 생겨서 기분 좋지만, 가족 단위로 보면 10만 원을 번 것이 아니다. 부모님께 받은 돈은 결국 가족의 돈이므로 결과적으로 10만 원은 부모님에게서 내게로 이동한 것뿐이다. 가족에게 10만 원이 더 생기려면 가족 밖에서 안으로 돈 흐름이 있어야 한다. 즉 외부에서 돈을 벌어와야 비로소 우리 가족, 나아가 내가 돈을 번 것이 된다.

그러나 가족 밖에서 돈을 가져왔다고 해도 범위를 더 확장해 '국가'라는 큰 틀을 적용하면 돈을 번 것이 아니다. 왜냐하면 국가 내에서 돈이 이동한 것뿐이기 때문이다. 따라서 국가가 돈을 벌려면 외국으로부터 외화를 벌어들여야 하기 때문에 국가 간 거래가 있어야 한다. 그러나 이때도 마찬가지로 범위를 세계로 확장하면 같은 문제가 발생한다. 결국 인류가 돈을 벌려면 외계에서 돈을 끌어와야 한다.

이제 마지막 한 단계만 남았다. 이렇게 범위를 계속 확대하다 보면 결국 그 끝을 생각할 수밖에 없는데 그것이 바로 우주다. 우주 밖은 더 이상 없다. 따라서 우리가 생각해 낼 수 있는 최대 크기의 계(시스템)인 우주를 범위로 잡으면 우주 안에 있는 돈의 양은 결국 일정하다. 이 안에서 이동만 가능할 뿐, 새로 생겨나거나(우주 밖에서 들어오거나) 없어지지(우주 밖으로 나가지) 않는다. 이미 눈치챘겠지만, 여기서 돈은 곧 에너지를 의미한다.

방금 여러분은 범접할 수 없을 것만 같았던 전 우주에 적용되는 물리학 최고의 법칙을 단 1분 만에 이해해 낸 것이다. 물론 엄밀히 따지면 완벽한 비유가 아니지만, 이론을 이해하는 데 필요한 도구로 너 그렇게 넘어가 주길 바란다. 앞으로도 다른 무엇보다 '이해'에 초점을 맞춰 열역학을 설명해 나갈 것이다.

우리 삶은 곧 물리학이다

모든 사람은 생명을 유지하며 살아갈 '에너지'가 필요하다. 에너지는 음식물로부터 얻는다. 따라서 사람들은 음식물을 구하기 위해 '일'을 한다. 일은 에너지를 얻는 수단이자 방법이므로 결국 에너지의 양을 변화시킬 수 있는 행위다. 그렇다면 이 흐름을 반대로 생각해 보자. 즉 음식물을 먹어서 몸에 에너지가 있어야 일을 할 수 있다. 정리하면, 일과 에너지는 서로 '전환 관계'다.

일 ⇄ 에너지

"왜 사람은 일을 해야 할까?"라는 질문에 여러 철학자가 수많은 대답을 내놓았지만, 물리학은 다음과 같이 한 줄로 이 질문에 명쾌한 답을 내놓았다.

$$W = \triangle E_k$$

W: 일 ⇨ 일

E_k: 운동 에너지 ⇨ 음식

$W = \triangle E_k$: 일-운동 에너지 정리 ⇨ 일한 만큼 음식을 얻는다.

'일-운동 에너지 정리'라고 부르는 위 식은 일을 한(받은) 만큼 운동 에너지가 변한다는 것을 의미한다. 쉽게 표현하면 일한 만큼 얻는 음식의 양이 달라진다는 뜻이다. 따라서 물리학적으로 사람의 인생은 이렇게 정의할 수 있겠다.

인간은 살기 위해서 에너지가 필요하다. 따라서 (운동) 에너지를 얻으려면 일을 해야 한다. 즉 살아 있는 인간은 일에서 자유로울 수 없다.

에너지의 형태를 바꾸는 법

어차피 일은 에너지를 얻기 위해 하는 것이므로 일을 하면 그 즉시 음식물과의 교환이 일어난다고 해보자. 하지만 알다시피 이 방식이 항상 편리한 것은 아니다. 지금 당장 음식이 필요하지 않아도 음식물이 필요할 때를 대비해서 미리 일을 해놓고, 일을 하지 않아도 필요한 순간마다 음식물을 얻는 방식이 훨씬 편리할 것이다. 이처럼 내가 한 일을 저장해 놨다가 필요할 때 음식물로 바꿔주는 장치 중 가장 대표적인 것이 바로 용수철(탄성력)이다.

예를 들어 총알을 직접 집어서 던지면 총알이 바로 날아간다. 총알에 한 일이 즉시 운동 에너지로 전환되기 때문이다. 그러나 총알을 총에 넣은 후, 총알이 아니라 총 안에 있는 용수철에 일을 해서 장전해 놓으면 용수철은 사람이 한 일을 고스란히 에너지로 저장해 둔다. 이를 확인하려면 용수철이 압축되는 모양의 변화를 보면 된다.

이제 총알에 운동 에너지를 전달하고 싶을 때 단순히 방아쇠만 당기면 용수철이 원래 모양으로 되돌아오면서 저장해 놓은 에너지로 총알에 할 일을 대신한다. 이때 총알은 용수철로부터 일을 받은 만큼 운동 에너지를 갖게 되어 발사된다.

사람(일함) → 총알(일 받음)
(일–운동 에너지 전환)

여기에 용수철이 끼어들면
⇩

사람(일함) → 용수철(일 받음) ⇨ 용수철(일함) → 총알(일 받음)
　　　　　↘ 장전 ↗　　　　　　　↘ 발사 ↗
(일 – 퍼텐셜 에너지 전환) ⇨ (퍼텐셜 에너지 –운동 에너지 전환)

이것이 바로 '퍼텐셜 에너지'의 개념이다. 사람이 탄성력, 전기력, 중력에 대해 일을 하면 이 세 힘은 받은 일을 퍼텐셜 에너지로 저장해 두고 있다가 자신이 직접 물체에 일을 해서 운동 에너지로 전환한다. 즉, 세 힘은 사람과 물체 사이에서 일과 에너지 전환의 대리인 역할을 하는 것이다.

중력과 전기력은 눈에 보이지 않지만 탄성력의 용수철과 똑같은 원리로 작동한다. 전기력은 전기를 띤 두 전하 사이에서 늘어나거나 압축되는 용수철과 같고, 중력은 지구와 물체 사이에서 늘어나기만 하는 용수철과 같다. 따라서 탄성력과 전기력은 원래 모양으로 되돌아올 때 인력(당기는 힘)과 척력(미는 힘)이 둘 다 가능하지만 중력은 오직 인

보이지 않는 중력 용수철

중력(용수철)에 일을 해서　　　퍼텐셜 에너지로 장전(저장)　　　발사! → 운동 에너지로 전환

력만 작용한다.

　이처럼 대리인 역할을 하는 용수철을 가장 쉽게 이해하는 방법은 바로 돈에 비유하는 것이다.[1] 음식물과 동일한 가치를 지니면서, 저장이 가능하고, 필요할 때 얼마든지 바로 음식물로 바꿀 수 있는 교환 매개체이기 때문이다. 따라서 사람이 살아갈 때 필요한 총자산(총에너지)은 현재 가지고 있는 음식물(운동 에너지)뿐만 아니라 일을 해서 미리 저장해 놓은 돈(퍼텐셜 에너지)의 합으로 구성된다. 이 둘을 합쳐 '역학적 에너지'라 부른다.

역학적 에너지 = 운동 에너지 + 퍼텐셜 에너지

$$E \quad = \quad E_k \quad + \quad E_p$$

1　이해를 돕기 위해 같은 대상을 다양한 예로 비유하거나 한 비유를 다양한 대상에 사용할 수 있다. 이때 비유를 해당 내용으로 한정 짓지 말고 이해하는 도구로만 활용하기 바란다. 예를 들어 '돈'은 앞으로 퍼텐셜 에너지뿐만 아니라 일반적인 에너지 혹은 또 다른 것으로도 다양하게 비유될 것이다.

물리학에서는 '외력이 일을 하면 역학적 에너지가 변한다.'라고 표현한다. 이 문장은 한 일이 전부 운동 에너지로 즉시 전환되거나, 일부는 운동 에너지로 나머지는 퍼텐셜 에너지로 저장되거나, 퍼텐셜 에너지로 전부 저장되는 모든 가능한 상황을 한 번에 포괄해서 나타낸 것이다. 어떤 경우든 일을 하면 음식물을 구할 수 있고 미래를 위해 저축도 할 수 있다. 결국 일은 에너지를 변화시킨다.

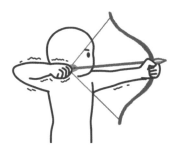

외력으로 장전하는 과정

$$W = E_k \uparrow + E_p \uparrow$$

활이 움직이면서 장전도 된다.

완전히 장전했을 때

$$W = 0 + E_p \uparrow$$

한 일이 모두 퍼텐셜 에너지로 저장된다.

열역학의 분석 방법

일과 에너지 관계를 설명하면서 복잡한 사람의 인생을 '일을 해서 먹고사는 것'으로 단번에 정리했다. 이제 주목해야 할 것은 이 결과 자체가 아니라 결과를 도출하는 분석 방법이다. 지금의 결론은 결론에 도달하기까지 수많은 사람의 삶을 분석한 후 종합해서 내린 것이 아니다. 단지 사람이라면 누구나 살기 위해 먹어야 한다는 하나의 전제에서 출발한 결론이었다.

'다양한 사람들의 개성을 무시한 비약이 심한 결론'이라고 반론을 제기할 수 있다. 하지만 세상 모든 사람의 인생을 전부 조사한 다음 공통적 특성만을 일반화해서 얻은 결론과 처음부터 전체를 하나로 보고 분석한 결론이 똑같다면, 개별적 접근보다 전체를 분석해서 결론을 도출하는 방법이 훨씬 효율적이다. 이러한 연구 방법을 '거시적 분석'이라 한다.

바로 이 거시적 분석이 열역학의 핵심 분석 방법이다. 이와 달리 뉴턴 역학은 아주 작은 물체뿐만 아니라 지구와 같이 거대한 물체도 하나의 객체로 보고, 물리적 현상의 원인을 파악해서 결과를 예측한다. 즉 개별적 대상에서 출발해 전체에 적용되는 일반적인 법칙을 이끌어내는 방식이다. 이런 연구 방법을 '미시적 분석'이라 한다. 이처럼 같은 물리학 이론이라도 열역학과 뉴턴 역학은 분석 방법부터 다르다.

미시적 분석은 처음엔 어렵지 않다. 그러나 분석할 대상이 많아지면 급격히 까다로워진다. 통계 처리를 해야 하기 때문이다. 통계학은 우리가 학교에서 배운 수학과는 또 다른 이론적 조합에 관한 학문이다. 따라서 물리학에는 통계를 이용해 자연을 해석하는 통계역학이라는 학문이 따로 존재한다. 이 통계역학으로 자연을 분석하는 분야가 바로 열역학과 양자역학이다. 열역학은 초기에는 거시적 분석으로 시작하지만 나중에는 결국 미시적 분석으로 마무리된다. 열역학이 어려운 이유가 이처럼 여러 분석 방법이 아무 설명도 없이 혼합되어 쓰이기 때문이다.

열역학은 뉴턴 역학과 비교했을 때 자연을 바라보는 대상은 물론 출발점 자체가 다르며, 풀어내는 방법 역시 다르다. 이 점을 알고 시작하면 열역학의 핵심을 쉽게 간파할 수 있다. 그렇다면 열역학은 왜 거시적 분석으로 세상을 바라보게 되었을까?

열역학을 이끌 주인공

열역학은 열(heat)적 현상을 연구하는 학문으로 열과 일의 관계를 밝힌다. 이 관계를 한마디로 말하면 '열과 일은 서로 전환될 수 있다'라는 것이다. 인류가 불을 사용한 이래 열에너지는 모든 생활에 폭넓게 활용할 수 있는 존재였다. 특히 열기관(열을 일로 바꾸는 기계. 예를 들면 엔진)이 등장하자 열을 이용해 최대한의 일을 끌어내는 효율의 문제가

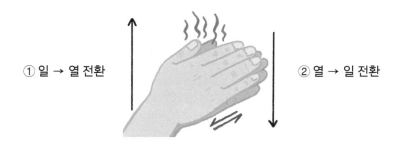

① 일 → 열 전환   ② 열 → 일 전환

① 손바닥을 서로 비비면(일하면) 열이 발생한다. 그렇다면 반대로,
② 열을 가해서 손바닥을 비비게(일하게) 할 수 있을까?

더욱 중요해졌고, 이를 고민하는 과정을 거쳐 열역학은 학문적 체계를 갖춰나갔다.

열기관의 등장은 인류가 처음 불을 발견한 것보다 더욱 획기적인 사건이다. 열을 일로 전환하는 것을 본격적으로 실현해 냈기 때문이다. 원래 일과 에너지 전환은 양방향으로 모두 가능하지만, 유독 자연에서는 일에서 열로 전환되는 것만이 압도적이다. 이를 설명한 것이 뒤에서 다룰 열역학 2법칙인 엔트로피 증가 법칙이다.

따라서 열기관의 등장은 마치 시간의 흐름을 되돌리는 타임머신처럼 자연의 법칙을 거스르는 기적처럼 느껴졌다. 무한동력의 가능성을 믿고 영구기관 개발에 뛰어든 사람들이 생겨난 것도 바로 이 때문이다. 그렇다면 열기관은 열을 일로 바꾸는 어려운 문제를 어떻게 해결했을까? 해답은 바로 '기체'다. 지금부터 열역학의 주인공인 기체를 소개하겠다.

여러분은 얼음(고체)을 가열하면 물(액체)이 되고 물을 가열하면 수증기(기체)가 된다는 사실을 알고 있다. 즉 기체는 물질의 3가지 상태(고체, 액체, 기체) 중 열에너지가 가장 많은 에너지 재벌이다. 열에너지의 출입에 따른 부피 변화도 비교할 수 없이 월등하다. 부피 팽창과 수축은 밀거나 당기는 일로 구현해 낼 수 있기 때문에 기체는 열에너지와 일 사이를 연결하는 연결 고리가 된다.

다시 말해 열에너지를 가진 기체는 일을 할 수 있다. 비유하자면 기체는 돈(열에너지)을 받고 일을 대신 해주는 대리인이다. 그리고 기체

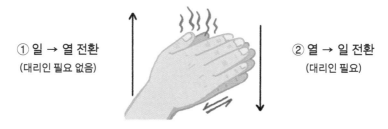

① 일 → 열 전환
(대리인 필요 없음)

② 열 → 일 전환
(대리인 필요)

⇩ ② 열 → 일 전환을 구현한 열기관의 예시

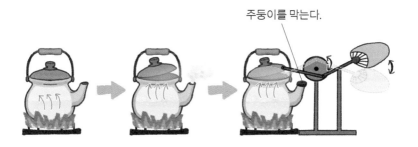

주둥이를 막는다.

열을 가해 시원함을 얻어내는 아이러니한 기계.
이때 동력을 전달하는 기체가 담긴 주전자가 바로 열기관이다.

가 일을 하는 작업 공간이 바로 동력을 제공하는 열기관인 엔진이다.

이제 열역학을 풀어가는 주인공이 왜 기체인지 이해했다면, 열역학은 왜 다른 물리 분야와 달리 거시적 관점으로 연구를 시작하며 발전했는지도 명확해진다. 기체는 셀 수 없이 많은 분자로 이루어져 있

---

2 물질을 구성하는 입자인 원자 또는 분자를 정확하게 구분하지 않고 이 책에서는 '분자'로 통일한다. 이는 주인공 기체의 구성이 분자로 되어 있기 때문이기도 하지만, 열과 온도의 관점에서는 이들의 구분이 크게 중요하지 않기 때문이기도 하다.

다. 열역학의 실질적 연구 대상은 크기가 매우 작으면서 운동 에너지를 지닌 수많은 기체 분자다.

그러나 셀 수도 없이 많은 분자를 하나하나 계속 추적해 가며 연구하는 것은 불가능하다. 따라서 열역학은 처음부터 기체 분자들의 개별적 특성이 아닌 기체 분자의 집단인 '기체'의 특성을 연구의 출발점으로 삼았다.

기체 프로필 분석하기

열과 관련된 현상은 물질의 상태(고체, 액체, 기체)와 관계없이 일어난다. 하지만 열역학의 주인공이 기체인 만큼 기체에 관해 더욱 자세히 알 필요가 있다. 대리인(기체)에게 돈(열)을 주고 일을 맡겨야 하기 때문이다.

따라서 열역학에서는 기체의 특성이 잘 드러나는 '물리량'이 필요하다. 다시 말해 기체 분자의 개별적 특성뿐만 아니라 기체 분자 집단의 특성이 잘 드러나는 요소를 반영한 지표가 필요하다. 그러나 개별적 특징과 집단적 특징을 동시에 충족하는 지표는 없다. 그러므로 기체의 물리량은 집단의 특징을 나타내는 것부터 살펴보자.

지금부터 소개할 물리량인 부피(V), 압력(P), 온도(T)는 키, 몸무게, 나이 같은 프로필에 해당하니 어렵게 생각할 필요는 없다. 이들은 기체 분자 집단인 기체의 현재 상태를 나타내는 지표일 뿐이다.

부피

부피는 물질이 차지하는 공간의 크기를 나타낸다. 고정된 형태를 유지할 수 없는 유체(액체, 기체)는 부피를 이용해서 그 양을 나타낸다. 마트에서 고기를 살 때 "돼지고기 1L 주세요."라고 하는 사람은 없다. 마찬가지로 "콜라 1.5kg만 사 올래?"라고 심부름을 시키는 부모님도 없다. 고기와 같이 형태가 유지되는 고체의 양은 질량으로 나타낸다.[3]

반면 형태가 유지되지 않는 액체나 기체의 양은 특정 용기에 담아 부피로 나타낸다. 생수 500mL, 콜라 1.5L처럼 특정 부피의 용기에 액체 상태의 물질을 채워서 판매하거나 종량제 쓰레기봉투와 같이 담을 수 있는 공간적 크기를 5L, 10L, 20L 등으로 세분화해서 사용한다. 우리나라의 경우, 기체인 도시가스 요금을 부피 기준으로 부과하다가 2012년부터 세계적인 추세에 맞춰 에너지양인 열량으로 변경하기도 했다.

질량과 부피는 엄연히 다르다. 질량은 '물체가 운동 상태 변화에 저항하는 관성의 크기'로 정의한다. 쉽게 말해 해당 물체를 구성하는 '원자들의 양' 정도라고 생각하면 된다. 따라서 물체의 질량은 장소에 따라 달라지지 않는다. 장소가 바뀐다고 물체를 구성하는 원자의 종류와 수가 달라지지 않기 때문이다.

만약 장소에 따라 질량이 달라진다면 달에 가는 순간 구성 원자

---

3 일상에서는 질량에 지구의 효과를 함께 적용한 '무게'를 사용한다.

가 달라져 다른 생명체가 되거나, 원자 수가 바뀌면서 팔이 8개가 되거나, 혹은 몸의 절반이 사라지는 믿기 힘든 일들이 일어날 것이다. 질량은 주로 형태가 유지되는 고체의 양을 나타낼 때 사용하며 단위는 kg이다.

여기서 고체와 기체 사이에 껴 있는 애매한 액체의 특징을 잠시 주목해 보자. 액체는 기체처럼 흐르기 때문에 부피를 이용해서 양을 나타낸다. 그러나 원자들의 밀집도는 기체에 비해 훨씬 높으므로 질량 역시 사용할 수 있다. 따라서 부피와 질량을 함께 고려한 새로운 물리량인 밀도(ρ)를 고안해서 액체의 양을 나타내기도 한다.

$$\text{밀도} = \frac{\text{질량}}{\text{부피}}$$
$$\rho = \frac{m}{V}$$

밀도는 물질의 단위 부피당 질량이다. 쉽게 말하면 특정 공간 안에 원자들이 얼마나 알차게 들어 있는지를 나타낸다. 예를 들어 '크다', '작다'와 '무겁다', '가볍다'를 동시에 적용한 키와 몸무게의 비율인 '뚱뚱하다($\frac{\text{무겁다}}{\text{작다}}$)'와 '날씬하다($\frac{\text{가볍다}}{\text{크다}}$)'의 개념과 같다.

밀도는 액체에만 쓸 수 있는 개념은 아니지만, 액체를 주인공으로 하는 유체역학에서 주로 사용된다.[4] 고체의 무게인 중력을 $F = mg$로 나

---

[4] 유체역학은 유체인 액체와 기체 모두가 대상이지만, 실질적으로 비압축성 유체를 전제하므로 액체가 주된 대상이다. 이는 열역학의 주인공을 기체라고 한 것과 비슷한 맥락이다.

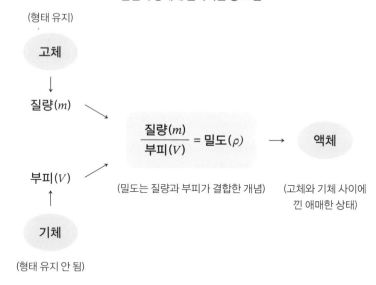

물질의 상태에 달라지는 양 표현

(형태 유지)

고체

↓

질량(m)

$$\frac{질량(m)}{부피(V)} = 밀도(\rho)$$

(밀도는 질량과 부피가 결합한 개념)

부피(V)

기체

(형태 유지 안 됨)

액체

(고체와 기체 사이에
낀 애매한 상태)

타낼 때 액체의 무게는 $F=\rho Vg$로 표현이 바뀐다. $m=\rho V$이기 때문
이다.

　다시 기체로 돌아오면, 기체 분자들은 사방으로 자유롭게 움직인
다. 따라서 열역학에서는 기체 분자들을 특정 부피 안에 가둬놓은 상
태로 분석을 시작한다. 그렇지 않으면 열을 가해 부채질을 하는 아이
러니 기계(25쪽 참고)처럼 기체들이 주전자에서 계속 빠져나와 일을
시킬 기체가 없어지기 때문이다. 즉 갇힌 기체의 초기 부피는 기체의
특정 상황을 나타내는 중요한 요인이 된다.

　가둬놓은 기체 분자들에게 에너지를 주고 일을 시키면 에너지가
일로 전환된다. 마치 아르바이트생(갇힌 기체)에게 급여(열에너지)를 주

면서 일을 시키는 것과 같다. 그러려면 기체의 부피 변화가 가능하면서도 기체가 빠져나가지 못하는 특별한 형태의 장치가 필요한데, 이 장치가 바로 피스톤이 달린 실린더(cylinder)이다. 장치 구조는 의료용 주사기의 빈 내부를 떠올리면 된다.

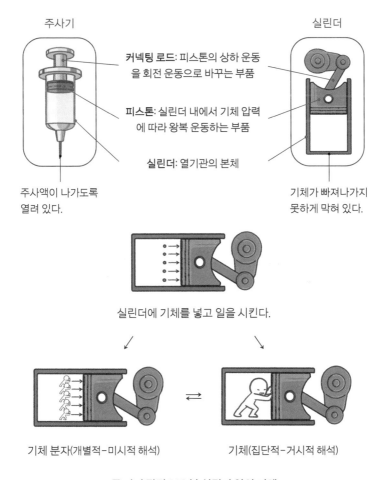

주사기

실린더

커넥팅 로드: 피스톤의 상하 운동을 회전 운동으로 바꾸는 부품

피스톤: 실린더 내에서 기체 압력에 따라 왕복 운동하는 부품

실린더: 열기관의 본체

주사액이 나가도록 열려 있다.

기체가 빠져나가지 못하게 막혀 있다.

실린더에 기체를 넣고 일을 시킨다.

기체 분자(개별적-미시적 해석)

기체(집단적-거시적 해석)

두 가지 관점으로 본 실린더 안의 기체

압력 (1)

압력은 단위 면적에 수직으로 작용하는 힘이다.

$$압력 = \frac{힘}{면적}$$
$$P = \frac{F}{A}$$

기체의 압력은 기체가 용기 벽에 가하는 힘을 단위 면적으로 나눈 것이다. 이를 적용하면 개별 기체 분자 하나하나가 가하는 힘을 정의한 것으로 볼 수 있다. 따라서 각 기체 분자의 압력을 모두 더하면 기체 전체가 가한 힘이 된다.

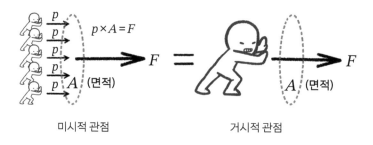

미시적 관점　　　　　　　거시적 관점

특히 일정한 부피의 용기에 가둔 기체의 압력은 '기체 분자들이 일정 시간 동안 용기 벽에 충돌하는 횟수'로 정의한다. 이는 기체 압력에 관한 매우 중요한 정의이므로 반드시 기억해 두자.

압력 (2)

기체 압력을 변화시키는 요인들을 살펴보자. 어떤 요인을 알아내려면, 찾고자 하는 요인을 변화시키는 동시에 나머지 요인이 변하지 않게 통제해야만 제대로 된 결과를 얻을 수 있다. 지금부터 기체의 압력이 증가하는 경우를 살펴보자. 그러려면 일단은 그 원인이 무엇이든 용기 벽에 충돌하는 기체 분자들의 충돌 횟수만 증가시키면 된다.

기준: 압력 1	[상황 A] 압력 증가: 압력 2	[상황 B] 압력 증가: 압력 2
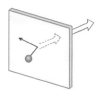	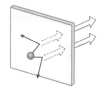	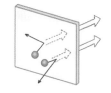
한 개의 기체 분자가 1초에 1번 충돌하는 것이 압력 1이라면	1개의 기체 분자가 1초에 2번 충돌하는 것은 압력 2에 해당한다.	2개의 기체 분자가 1초에 1번씩 충돌하는 것도 압력 2에 해당한다.

5   기체 분자의 개수를 세는 단위 n을 몰(mol)이라고 한다. 몰은 주로 화학에서 많이 등장하는 개념인데 지금은 단순히 '분자의 수'라고 생각하면 충분하다.

첫째, 기체 분자들을 더욱 난동 부리게 만들자[상황 A]

기체에 더 많은 열에너지를 공급하면 기체 분자들의 운동 에너지가 커져서 움직임이 훨씬 빨라진다. 먹지 못해 기운이 없는 상태보다 음식을 섭취해서 에너지가 충분한 상태가 되면 활발하게 움직일 수 있는 것과 같다. 제한된 공간 안에서 더 빠르게 움직이면 충돌 시간이 짧아져 같은 시간 동안 충돌 횟수가 많아진다. 여기서 운동이 활발한 기체 분자가 많아졌다는 것은 기체의 온도가 높아졌다는 것을 의미한다.

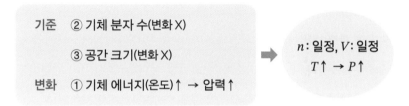

둘째, 난동 피우는 기체 분자를 더 많이 섭외하자[상황 B]

같은 에너지를 가진 기체 분자의 수가 많아지면 제한된 공간 안에서 충돌 횟수가 증가한다. 예를 들어 특정 용기 내에서 기체 분자 1개가 1초 동안 벽에 100번 충돌한다고 가정할 때, 동일한 에너지를 가진 기체 분자 4개를 용기에 더 넣으면 1초 동안 총 벽 충돌 횟수는 500번이 된다. 이처럼 기체 분자의 수가 증가하면 충돌 횟수가 많아지므로 압력이 증가한다.

기준   ① 기체 에너지(변화 X)

       ③ 공간 크기(변화 X)

변화   ② 기체 분자 수(몰)↑ → 압력↑

$\Rightarrow$ T: 일정, V: 일정
$$n\uparrow \to P\uparrow$$

셋째, 공간을 줄이자

기체 분자에 더 많은 에너지를 제공하거나 기체 분자의 수를 늘리지 않고도 압력을 증가시킬 수 있다. 바로 기체가 갇혀 있는 공간 자체를 줄이는 것이다. 즉 공간의 크기를 줄이면 자연스럽게 기체 분자의 용기 벽 충돌 횟수가 증가한다. 따라서 부피 감소는 기체 압력을 증가시키는 요인이다.[6]

기준   ① 기체 에너지(변화 X)

       ② 기체 분자 수(변화 X)

변화   ③ 공간 크기(부피)↓ → 압력↑

$\Rightarrow$ T: 일정, n: 일정
$$V\downarrow \to P\uparrow$$

---

6   현재 기체는 특정 용기 안에 담겨 가득 차 있으므로 용기 부피와 기체의 부피는 같다.(용기 부피= 기체 부피) 따라서 용기의 부피 감소는 곧 기체 부피 감소를 의미한다.

온도 (1)

　사람들은 어려우면 중요하고 쉬우면 중요하지 않다고 생각하는 경향이 있다. 그러나 쉽고 어려운 것과 중요도는 아무런 관계가 없다. 이 인식은 특히 열역학에서 잘 드러나는데, 지금 소개할 온도가 바로 여기에 해당한다. 기온, 체온, 냉·난방 온도 설정, 물의 어는점·끓는점 등 일상에서 온도는 낯설지 않으며 앞서 봤던 부피나 압력보다도 훨씬 친근하다. 그러다 보니 온도의 열역학적 의미를 놓치는 경우가 많다. 온도는 열역학에서 가장 중요한 물리량이다. 왜냐하면 분자들의 운동 에너지를 나타내는 지표이기 때문이다.

　온도는 크게 절대온도와 상대온도 두 종류로 구분된다. 절대온도는 과학에서 사용하는 학문적 온도이고, 상대온도는 일상생활에서 사용하는 온도이다. 상대온도는 다시 섭씨온도와 화씨온도 두 종류가 있다.

```
온도 ┬ 절대온도 [K]
     └ 상대온도 ┬ 섭씨온도 [°C]
               └ 화씨온도 [°F]
```

절대온도

　절대온도는 과학적 온도답게 분자의 운동을 기준으로 한다. 온도의 시작은 분자의 운동이 전혀 없는 정지 상태이며 이를 숫자 0으로 나타낸다. 따라서 절대온도는 음(-)의 값이 없다. 절대온도의 숫자가 커질수록 분자들의 운동이 활발해진다는 뜻이고, 이는 온도가 높아질수록 분자들의 운동 에너지가 증가한다는 것을 나타낸다.

따라서 분자의 운동 에너지는 절대온도와 비례한다. 단위는 K(켈빈)을 사용하는데, 이는 열역학에 큰 업적을 남긴 윌리엄 톰슨의 작위 이름인 켈빈을 붙인 것이다. 열역학에서 다루는 온도는 특별한 언급이 없는 한 모두 절대온도를 사용한다.

상대온도 - 섭씨온도

절대온도는 철저하게 과학적 개념에 기반한 온도이기 때문에 일상생활에 유용한 온도를 따로 만들었다. 그중 섭씨온도는 물의 어는점을 기준 0으로 설정한 후 물의 끓는점을 100으로 하고 이를 100등분해서 나타내도록 정했다. 즉, 온도가 올라갈 때마다 1씩 숫자가 올라가도록 고안한 온도이다. 물론 이보다 더 세밀하게 0.5도씩 또는 0.01도씩도 얼마든지 가능하지만 1을 기준으로 했다.

섭씨온도가 일상적이라는 것은 두 가지로 확인할 수 있다. 첫째는 주변에 흔하면서도 살아가려면 반드시 필요한 '물'을 대상으로 했다는 것이고, 둘째는 물이 얼거나 끓는 것과 같이 일상생활에서 관찰 가능한 상태 변화 지점을 기준으로 0과 100을 설정했다는 것이다. 섭씨온도의 단위는 ℃로 표기한다.

°는 ~도(degree)로 정도를 나타내고, C(셀시우스)는 섭씨온도를

처음으로 제안한 스웨덴의 천문학자 안데르스 셀시우스의 이름을 붙인 것이다. 셀시우스가 우리나라에서 섭씨가 된 것은 셀시우스의 중국 한자 음역어 섭이사(攝爾思)와 사람의 성씨를 의미하는 씨(氏)를 결합해 읽기 때문이다. 즉, 김씨, 박씨, 최씨처럼 '섭씨'가 제안한 온도라는 것이다. 바로 다음에 이야기할 화씨온도 역시 화씨온도를 제안한 파렌하이트의 중국 한자 음역 화륜해(華倫海)를 따서 이름 붙인 것이다. 물리학에 나온다고 해서 모두 과학적인 뜻이 있는 것은 아니다.

상대온도 - 화씨온도

화씨온도도 섭씨온도와 똑같이 물의 상태 변화를 기준으로 한다. 차이는 어는점을 32, 끓는점을 212로 설정 범위를 달리 잡은 것이다. 따라서 같은 온도를 섭씨온도는 0에서 100까지 100, 화씨온도는 32에서 212까지 180의 변화로 표현한다. 따라서 섭씨온도는 100으로, 화씨온도는 180으로 나누면 둘 다 똑같이 1씩 변하는 눈금을 만들 수 있다.

그러나 0부터 시작하는 섭씨온도와 달리 화씨온도는 32부터 시작하므로 출발점이 다르다. 마치 섭씨와 화씨가 달리기 시합을 한다고 하면 화씨가 32만큼 더 앞에서 출발하는 것과 같다. 따라서 출발점까지 동일하게 맞추려면 섭씨온도에 32를 더해주거나 화씨온도에서 32를 빼주면 된다.

$$\frac{^\circ C}{100} = 1 = \frac{^\circ F}{180} \rightarrow \frac{^\circ C}{100} = \frac{^\circ F}{180} \Rightarrow {}^\circ C = \frac{5}{9}{}^\circ F + 32$$

(간격 1로 맞추기)   (출발점 맞추기)

이것이 섭씨온도와 화씨온도의 변환 관계식이다. 이 식이 얼마나 대단한 과학적 의미를 지녔는지는 모르겠지만, 예전에는 이 변환식이 학교 과학 시험문제로 출제되곤 했다.

이 상대온도 간 변환 문제는 "키 180cm는 몇 피트 몇 인치인가?", "몸무게 60kg은 몇 파운드인가?", "10,000원은 몇 달러 몇 센트인가?" 와 같은 수준의 질문이다. 즉 섭씨온도와 화씨온도의 차이는 마치 사투리처럼 사용하는 지역 차이 정도로만 생각하면 된다.

절대온도와 섭씨온도의 관계

앞서 절대온도는 분자의 운동이 기준이므로 음(-)의 값이 없고, 따라서 가장 작은 값은 분자의 운동이 전혀 없는 상태로 이때가 0이라고 했다. 반면 섭씨온도의 0은 물이 얼기 시작하는 어는점으로 이때도 물(얼음) 분자는 273 정도의 운동을 하고 있다. 즉 절대온도는 섭씨온도보다 언제나 273만큼 크다.

$$K = {}^\circ C + 273$$

따라서 이론적으로 분자들의 모든 에너지를 빼앗아 운동이 아예 없는 존재로 만들려면 섭씨온도로는 영하 273도(-273℃)까지 냉각시켜야 한다. 273이라는 숫자는 매우 중요한데, 이 숫자가 어떻게 나왔는지는 뒤에 나올 샤를 법칙에서 자세히 알아보겠다.

온도 (2)

분자는 공간적으로 이동하는 '병진 운동'과 제자리에서 회전하는 '회전 운동', 그리고 제자리에서 (보이지 않는 용수철로 연결된 것처럼) 분자를 구성하는 원자들 사이의 결합 길이가 변하는 '진동 운동'을 동시에 할 수 있다. 따라서 일반적으로 운동 에너지라고 하면 세 가지 운동의 에너지를 모두 합친 것을 가리킨다.

분자의 병진 운동   분자의 회전 운동   분자의 진동 운동

만약 에너지 등분배 법칙을 다뤄야 한다면, 분자가 몇 개의 원자로 구성되었는가를 고려해서 각 운동에 대한 자유도를 부여한 다음 운동 에너지를 병진, 회전, 진동으로 나눠 적용해야 한다. 하지만 지금은 이런 것들을 일단 모두 무시하자. 대신 운동 에너지는 3차원 공간에서 단일 입자의 단순 병진 운동에만 관련된다고 가정한다.

무엇보다 중요한 점은 분자가 에너지를 많이 가질수록 운동 에너지가 커져 빠르게 움직인다는 것과 이 분자들로 구성된 물질은 온도가 높게 측정된다는 것 두 가지다. 결론적으로 분자의 운동 에너지는 절대온도와 비례한다. 따라서 온도가 높은(뜨거운) 물질을 구성하는 분자들은 운동이 매우 활발하고 빠르다. 반면 온도가 낮은(차가운) 물질을 구성하는 분자들은 운동이 둔하고 느리다.

당연한 말처럼 들릴 수도 있지만 매우 중요한 개념이다. 온도는 결국 분자들의 운동 에너지값을 나타내는 지표이기 때문이다. 이 개념을 제대로 이해했다면 앞으로는 온도가 높은 물체에 손이 닿았을 때 "앗! 뜨거워!"라고 외치는 대신 "앗! 물체를 구성하는 분자들의 운동 에너지가 상당히 크구나!"라고 나도 모르게 외칠지도 모른다.

분자 운동 에너지↑ ⇆ 분자의 운동 활발 ⇆ 온도↑

운동 에너지(E_k): 분자 하나의 에너지 (개별적 개념)
온도(T): 분자들의 운동 에너지 값 (집단적 개념)

온도 (3)

특정 공간(부피) 안에 갇힌 일정한 온도의 기체 한 종류를 생각해보자. 이제 이 기체 분자들의 운동 에너지를 알고 싶다면 단순히 온도만 측정하면 된다는 것을 알았다. 이때 온도는 10℃, 30℃와 같이 단 하나의 숫자로 표현한다. 그렇다면 같은 온도의 기체 안에 있는 수많은 기체 분자의 운동 에너지는 모두 똑같을까?

같은 종류의 기체이기 때문에 기체 분자의 질량은 모두 같다 하더라도, 사방으로 운동하는 셀 수 없이 많은 기체 분자의 속력이 어떻게 모두 똑같을 수가 있느냐는 것이다. 용기 벽면에나 기체 분자끼리 충돌만 하더라도 속력이 변할 텐데 말이다. 이렇게 생각해 보면 온도라는 개념이 뭔가 부자연스럽고 억지스럽다는 느낌을 지울 수 없다. 알다시피 우리가 겪어온 자연은 이렇게 획일적인 모습을 보인 적이 없다.

실제로 기체 분자들의 운동 에너지는 제각각이다. 따라서 셀 수 없이 많은 기체 분자의 개수를 고려하면 온도처럼 단 하나의 숫자로 나타내는 것 자체가 오류라 할 수 있다. 하지만 온도는 이 허점들을 멋지게 극복해 냈다. 온도는 수많은 기체 분자가 지닌 운동 에너지의 '평균값'이기 때문이다. 다시 말해 수많은 기체 분자 운동 에너지의 값들을 단 하나의 숫자로 대표해서 정리할 수 있는 종결자가 바로 온도이다. 그럼 또 한 가지 의문이 생긴다. 도대체 평균을 어떻게 구하란 말인가?

기체 운동 에너지의 평균을 구하기엔 기체 분자의 수가 너무나도 많다. 예를 들어 인간의 평균 수명을 측정하는 연구를 생각해 보자. 인류가 탄생한 시기부터 멸종에 이르기까지 전 기간에 걸쳐 모든 인류의 수명을 조사해서 데이터화하거나, 현재 약 80억 인구 전부의 수명을 추적 조사해서 80억 개의 자료를 수집하는 것은 불가능하다. 그 대신 모든 사람이 아니라 일부 사람들을 선정한 다음, 이들의 수명을 조사해서 평균을 내어 이를 인간의 평균 수명으로 정할 수 있다. 전자를 전수조사라고 하고, 후자를 표본조사라고 한다.

전수조사와 표본조사를 쉽게 이해하기 위해 좀 더 쉬운 예를 들어보자. 어떤 식당이 맛집인지를 판단하기 위해 식당에서 파는 모든 메뉴의 음식을 먹어보고 평가하는 것이 전수조사 방법이라면, 이 식당의 메뉴 중 하나만 먹어보고 나머지 음식들도 맛있을지를 예측하는 것이 표본조사 방법이다. 이때 무작위로 선택된 메뉴를 '표본'이라고 한다.

언뜻 보면 한 요리로 모든 요리의 맛을 평가한다는 것이 억지스럽다고 생각할 수 있지만, 놀랍게도 표본조사는 꽤 믿을만한 방법이다. 실제로 어떤 메뉴의 요리가 맛이 없다면 다른 요리 맛도 형편없을 확률이 매우 높다. 그 근거는 일반적인 소규모 식당에서는 모든 메뉴를 같은 요리사가 만든다는 것이다. 표본조사를 통해 적절한 결과를 도출하려면 이처럼 '이 식당의 요리는 다른 식당 요리사가 하지 않는다'와 같은 타당한 근거가 필요하다.

거의 모든 경우에 전수조사는 사실상 불가능한 방법이므로 오늘날 표본조사는 TV 시청률 조사, 선거의 지지율 및 출구조사, 소비자물가 조사, 질병 관리 조사, 고용 및 실업률 조사 등 쓰이지 않는 곳이 없다.

이제 다시 기체로 돌아오면, 모든 기체 분자의 에너지를 일일이 구할 수 없으니 표본조사를 통해 기체의 평균 에너지를 구해야 한다.

가장 큰 문제는 마땅한 근거가 없다는 것이지만, 이를 해결한 구원자가 등장했다.

온도 (4)

온도라는 개념이 정당성을 확보하려면 '비약이 심한 결론'이라는 비판을 반드시 해결하고 넘어가야 한다. 이 때문에 온도 이야기가 길어졌지만, 이것을 해결하는 과정이 곧 열역학이다. 이 문제는 물리학자인 맥스웰과 볼츠만이 해결했다. 온도에 따른 기체 분자의 속력과 분자 수를 확률 분포 함수로 나타내 통계분석의 근거를 마련한 것이다.

쉽게 말해 특정 온도의 기체에서 기체 분자의 속력과 이 속력을 가진 기체 분자의 수를 확률로 찾아내서 분자들의 평균 속력을 구할 수 있게 되었다. 정확한 개념은 확률적·통계적 해석이 필요하므로 여기서는 예를 통해 맥스웰-볼츠만 분포의 열역학적 의미만 간략히 이해해 보자.

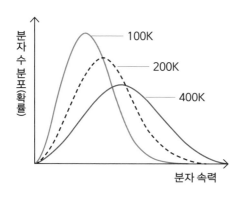

맥스웰-볼츠만 분포
열역학적 평형을 이룬 시스템에서 분자가 갖고 있는 에너지양을 분자 수로 나타낸 분포

Check 1. 분포 함수 모양
Check 2. 온도, 분자 속력, 분자 수와의 관계

① 그래프 모양

평균값을 중심으로 양쪽이 대칭인 산 모양의 곡선(◠◠)을 정규분포 곡선이라고 한다. 이를 처음 정립한 가우스의 이름을 그대로 따서 가우스 곡선 또는 가우시안 분포라고도 부른다. 정규분포는 자연현상을 해석하는 데 가장 핵심적인 확률 분포 형태다. 그 이유는 단순하다. 실제로 자연에서 볼 수 있는 수많은 분석 대상이 이 정규분포를 따르기 때문이다.

정규분포 곡선은 중심을 기준으로 양쪽이 대칭인 형태다. 중심은 평균값이며, 평균에 해당하는 대상이 가장 많고 평균 주위에도 압도적으로 많은 대상이 몰려 있다.(붉은색 영역) 그리고 평균에서 멀어질수록 그 수는 확연히 줄어든다.(파란색, 초록색 영역)

그래프의 위치는 평균값이 결정한다. 평균값이 클수록 그래프 위치는 오른쪽으로 이동한다. 한편 분산이 작아 평균에 집중적으로 많은 수가 모이면 그래프는 위로 뾰족하

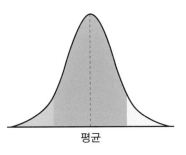

평균

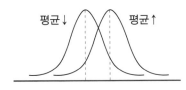

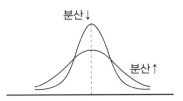

고 옆으로 좁은 모양이 된다. 이와는 반대로 분산이 커서 비교적 평균에 덜 몰리면 그래프는 옆으로 넓게 퍼져 완만한 형태가 된다. 이는 두 그래프가 다루는 전체 수가 같기 때문이다.

② 기체의 온도가 올라갈수록 기체 분자들의 속력이 빨라진다

맥스웰-볼츠만 분포를 보면 같은 온도의 기체라도 기체 분자들은 제각기 다른 속력을 갖고 퍼져 있다. 기체 분자 대다수는 평균 속력이거나 평균보다 약간 느리다. 이에 비해 속력이 월등히 빠르거나 느린 기체 분자 수는 매우 적다. 또한 기체의 온도가 올라가면 분포 곡선이 오른쪽으로 이동한다는 것을 알 수 있다.

드디어 온도와 기체 분자의 운동 에너지 간 관계의 비밀이 풀리는 순간이다. 기체 분자의 속력을 알면 기체 분자의 운동 에너지를 알 수 있기 때문에 기체 분자들의 평균 운동 에너지를 밝혀낼 수 있는 것이다.

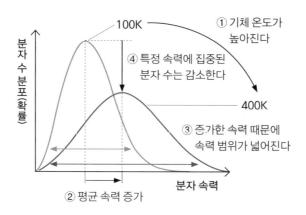

기체 분자의 평균 운동 에너지 ∝ 절대온도

③ 온도가 높아질수록 분산이 커진다

기체의 온도가 올라가면 기체 분자의 속력이 전반적으로 증가하므로 속력 분포가 넓어진다. 따라서 특정 속력에 집중된 분자 수는 줄어들 수밖에 없다.

이는 경제 수준이 높아질수록 단조롭고 획일적인 사회에서 다양성이 보장된 사회로 변화하는 것과 비슷하다. 과거 경제 수준이 매우 낮았을 때는 먹고사는 문제가 누구에게나 절박했기 때문에 많은 이들이 공부에만 매달리곤 했지만, 경제적 여건이 좋아진 지금은 모든 분야에서 사회가 다양해진 덕에 예전처럼 공부만이 살길이라고 생각하는 사람이 현저히 줄어든 것과 같다.

정리하면, 경제적 풍요(온도↑)는 다양성을 증진한다.(속력 분포↑) 그리고 다양성은 어느 한 곳에 집중되는 쏠림 현상을 줄인다.(특정 속력의 분자 수↓)

1. 열역학의 시작

① 일 → 열 전환은 쉽다.

② 열 → 일 전환은 어렵다.

2. 열역학의 주인공

기체: 열 → 일 전환에 필요한 대리인 역할

3. 열역학 분석의 흐름

① 거시적 분석

② 미시적 분석

4. 기체 프로필

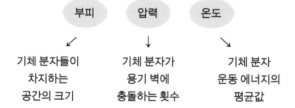

부피	압력	온도
기체 분자들이 차지하는 공간의 크기	기체 분자가 용기 벽에 충돌하는 횟수	기체 분자 운동 에너지의 평균값

5. 맥스웰-볼츠만 분포(확률 분포)

이상기체의 분자 속력에 대한 확률 분포로 이를 통해 최빈속력, 평균속력, 제곱평균제곱근(rms) 속력을 계산할 수 있다.

기체 분자 평균 운동 에너지 ∝ 절대온도

2장

기 체 란
무엇일까

영향이 정반대인 기체의 부피와 압력

보일 법칙

이제부터 기체를 설명하는 최종 법칙인 이상기체 상태 방정식($PV=nRT$)을 직접 만들어보자. 우리는 기체의 현재 상태를 설명하는 모든 요소를 알고 있기 때문에 이미 준비는 끝났다. 그 요소는 앞에서 살펴봤던 부피(V), 압력(P), 온도(T)다. 이제 세 가지 요인 간의 관계만 알아내면 된다. 그 첫 번째는 보일 법칙이다.

보일은 기체의 부피와 압력 간의 관계를 정립한 사람이다. 이 둘의 관계를 규명하기 위해서 우선 온도는 아무런 변화가 없도록 일정하게 유지한다.

먼저 미시적으로 분석을 시작해 보자. 밀폐한 실린더에 가둔 기체(기체의 분자 수 변화 없음: n 일정)에 힘을 가해 누르면 부피가 작아져($V\downarrow$) 실린더 내 기체 분자의 밀도가 증가한다. 따라서 실린더와 기체 분자의 충돌 횟수가 증가하므로 압력은 커진다.($P\uparrow$)

거시적으로는 이렇게 해석할 수 있다. 외부에서 피스톤에 힘을 가하면 피스톤이 밀려 들어가다 결국 멈춘다. 외부에서 피스톤을 미는 힘과 기체가 안에서 피스톤을 미는 힘이 서로 같아지는 순간이 오기 때문이다. 이때 서로 힘을 가하는 피스톤의 면적도 같으므로 기체의 압력(기체의 힘 / 면적)은 외부에서 가하는 압력(외부의 힘 / 면적)과 같다. 결국 외부에서 압력을 가할수록 기체의 압력이 커지고 부피는 줄어들기 때문에 기체의 압력과 부피는 반비례 관계임을 알 수 있다.

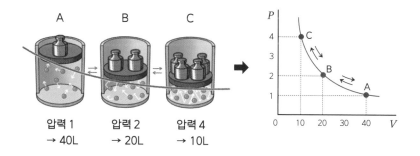

자연스러운 해석 알고리즘

통제 요인: 기체 분자 수(밀폐), 기체 분자의 운동 에너지(온도)

변화 요인: 부피↓ → 밀도↑ → 충돌 횟수↑ → 압력↑
부피↑ → 밀도↓ → 충돌 횟수↓ → 압력↓

n: 일정, T: 일정
$[V↓ → P↑]$
$[V↑ → P↓]$

반비례 관계는 비례 기호(∝)를 사용해서 분수 형태로 나타낸다.

$$V\downarrow \to P\uparrow$$
$$V\uparrow \to P\downarrow$$
$$\Rightarrow \quad (\text{두 경우를 한 번에 표시}) \quad V\propto \frac{1}{P}$$

단, 법칙이 되려면 비례 기호(∝)를 등호(=)로 바꿔 표현해야 한다. 그러려면 등호의 양쪽 값이 정확하게 일치하도록 보정 값을 추가해야 한다. 임의로 k_1이라는 보정 값을 넣어보자. 이 보정 값은 나중에 실험을 해서 알아낼 수 있다. 값이 정해지는 순간 '○○상수'와 같이 이름이 붙게 된다. 우리가 지금 만들고 있는 것은 보일 법칙이므로 k_1을 '보일 상수' 정도로 이름 붙이고 넘어가자.(물리 법칙에서 상수가 보이지 않는다면 이때 상수는 1이라고 생각하면 된다.)

$$V\propto \frac{1}{P} \to V=k_1 \frac{1}{P} \ (T\ \text{일정})$$

보일 법칙은 기체의 부피와 압력의 관계를 규명한 법칙으로 매우 단순하다. 여기서 k_1은 상수이므로 값이 변하지 않는다. 따라서 항을 옮겨 보일의 법칙을 '$PV=k_1$' 또는 '$PV=$일정'이라고 나타내기도 한다.

51쪽 그림에서 A의 부피와 압력을 첨자 1로 나타내면 $P_1V_1=k_1$이 되고 B와 C도 같은 방법으로 나타내면 $P_2V_2=k_1$, $P_3V_3=k_1$이 되므로 k_1으로 모든 상황을 한 번에 나타낼 수 있다.

$$P_1V_1 = k_1 = P_2V_2 \rightarrow P_1V_1 = P_2V_2 \ (P_3V_3 = k_1 \text{은 생략})$$

이제 상수 k_1 값을 몰라도 기체의 압력과 부피 간의 관계를 이용할 수 있게 되었다.

다른 접근 방법으로 보일 법칙 유도하기

압력 P_1, 부피 V_1인 기체에서 기체의 부피를 $\frac{1}{m}$ 배로 줄이면 나중 부피 V_2는 처음 부피의 $\frac{1}{m}$ 배가 되므로 $V_2 = \frac{1}{m}V_1$이 된다. 전체 분자 수는 동일하므로 줄어든 V_2 부피 안 분자의 밀집도는 V_1보다 커진다. 따라서 압력은 m배가 되어 나중 압력은 $P_2 = mP_1$로 나타낼 수 있다. 즉 $P_1 = \frac{1}{m}P_2$, $V_1 = mV_2$가 되므로 $P_1V_1 = \frac{1}{m}P_2 \times mV_2 = P_2V_2$이다.

보일 법칙 적용 연습문제

문제 1

25℃, 1기압의 기체 10L가 피스톤 속에 들어 있다. 온도를 일정하게 유지하면서 피스톤을 누르는 압력을 5배 높이면 기체의 부피는 얼마가 되는가?

온도가 일정하다는 조건을 보면 보일 법칙이 적용된다는 것을 눈치챌 수 있다. 그러면 $P_1V_1 = P_2V_2$를 이용해서 P_1에 1, V_1에 10, P_2에 P_1의 5배인 5를 대입하면 V_2는 2가 된다. 그러나 이렇게 공식에 의존하는 풀이는 지양하자. 이 책의 모든 문제는 연필과 종이 없이 머릿속 암산만으로 답을 낼 수 있다.

원리에 입각한 문제 해결법
문제 조건에서 압력을 5배 높였기 때문에 부피는 5배가 준다. 다시 말해 처음 10L였던 부피가 5배 줄었으니 정답은 2L다.

문제 2

10℃, 4기압에서 부피가 20L인 기체가 있다. 온도 변화 없이 부피가 5L가 되었다면 현재 기체의 기압은 얼마인가?

① 문제에서 '온도 일정' 확인
② 부피가 20L에서 5L로 4배 준 이유는 압력이 4배 증가했기 때문
③ 정답: 16기압

성향이 비슷한 기체의 부피와 온도

기체의 부피와 온도의 관계가 세상에 알려진 것은 게이뤼삭의 연구 논문에 의해서였다. 여기서 그는 15년 전에 샤를이 이와 같은 기체의 성질을 이미 알고 있었다고 밝혔다. 발표하지 않은 샤를의 연구를 게이뤼삭이 어떻게 알았는지는 정확히 알려지지 않았지만, 자신의 업적으로 발표할 수도 있는 일을 사실대로 공표함으로써 게이뤼삭은 양심 있는 석학의 모습이 어떤 것인지를 세상에 보여주었다.

이는 핵분열 발견으로 노벨화학상을 탄 독일 화학자인 오토 한과 너무도 대비되는 일화다. 사실 핵분열 발견은 오토 한 본인이 했지만, 이러한 핵분열이 에너지화될 수 있다는 것을 알아낸 것은 공동 연구자인 오스트리아 여성 물리학자 리제 마이트너였다. 그러나 무슨 이유인지 노벨상 수상자 명단에는 오직 오토 한의 이름만 기재되어 있다. 업적을 독차지하고 싶었던 마음이었는지, 아니면 독일인인 그가 당시 유대인 여성인 리제 마이트너와의 공동 연구를 밝히기 어려운 상황이었는지는 정확히 알 길이 없다. 하지만 게이뤼삭과 샤를의 훈훈한 일화와는 너무나 다른 일화라는 것은 분명하다.

이제 법칙 이야기를 해보자. 샤를은 기체의 압력을 일정한 상태로 유지하며 부피와 온도의 관계를 관찰했다. 원래는 기체 온도를 높이면 기체 분자의 운동 에너지가 증가하면서 운동이 활발해지므로 기체 분자와 실린더 벽 사이의 충돌 횟수가 늘어나 압력이 증가한다.

따라서 온도를 증가시켜도 압력이 증가하지 않도록 해야 한다. 그 방법은 바로 기체가 실린더의 피스톤을 아주 천천히 평형을 유지하며 밀어내도록 만드는 것이다.($V\uparrow$) 쉽게 말해 기체 분자의 운동이 활발해지는 만큼 동시에 공간이 함께 늘어나면, 충돌 횟수는 늘지 않으면서 처음과 동일한 압력을 유지할 수 있다.(P 일정)

따라서 온도를 높일 때 압력을 일정하게 유지하려면 기체의 부피가 함께 커져야만 한다. 이와 마찬가지로, 기체의 온도를 줄였는데도 압력이 낮아지지 않았다면 기체의 부피 역시 함께 줄었음을 의미한다.

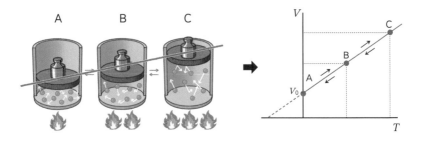

자연스러운 해석 알고리즘

통제 요인: 기체 분자 수(밀폐), 기체 분자의 충돌 횟수(압력)

변화 요인: **온도↑** → 운동 에너지↑ → 압력 유지 → **부피↑**

온도↓ → 운동 에너지↓ → 압력 유지 → **부피↓**

n: 일정, P: 일정

$[T\uparrow \ \rightarrow V\uparrow]$

$[T\downarrow \ \rightarrow V\downarrow]$

$T\uparrow \ \rightarrow V\uparrow$ $\Rightarrow$ $T\propto V$

$T\downarrow \ \rightarrow V\downarrow$ (두 경우를 한 번에 표시)

보일 법칙 때와 마찬가지로 법칙을 만들기 위해 비례 기호(∝)를 등호(=)로 바꾸자. 이번에는 k_2라는 보정 값을 넣는다.

$$V\propto T \ \rightarrow V=k_2T \ (P \ 일정)$$

$T\propto V$ 순서를 $V\propto T$로 바꾼 이유는 샤를 법칙과 보일 법칙에서 공통된 물리량인 부피 V를 기준으로 하면 두 법칙을 더 쉽게 비교하고 이해할 수 있기 때문이다.

샤를 법칙은 기체의 부피와 온도 사이의 관계를 규명한 법칙으로 보일 법칙과 마찬가지로 단순함 그 자체다. 이상적인 상황에서 온도가 2배가 될 때 기체의 압력이 변하지 않으려면 부피도 2배가 되어야 한다는 것이다. 여기서 k_2값 역시 변하지 않는 상수이므로 샤를의 법칙을 '$\frac{V}{T}=k_2$' 또는 '$\frac{V}{T}=$일정' 으로 나타낼 수 있다.

보일 법칙과 마찬가지로 56쪽 그림에서 A의 온도와 부피 상황을 첨자 1로 나타내고, B 또는 C의 온도와 부피를 각각 첨자 2, 3으로 나타내면 모든 상황을 k_2로 같게 만들 수 있다.

$$\frac{V_1}{T_1}=k_2=\frac{V_2}{T_2} \rightarrow \frac{V_1}{T_1}=\frac{V_2}{T_2} \quad (\frac{V_3}{T_3}=k_2\text{는 생략})$$

이렇게 샤를 법칙을 완성했다. 그런데 샤를 법칙에서는 한 가지 주의할 것이 있다. 과학적 온도인 절대온도를 사용하면 온도와 부피가 비례하지만, 섭씨온도를 쓰면 비례하지 않는다. 왜냐하면 절대온도는 순수하게 분자의 운동 자체를 숫자로 나타낸 것인 반면, 섭씨온도는 일상생활 기준이라는 조건을 적용했기 때문이다. 따라서 절대온도와 섭씨온도 간의 보정 값 차이가 있는 만큼 또 다른 보정 처리를 해야 한다.

만약 절대온도 0K일 때 분자들이 모든 움직임을 멈춰 존재할 수 없다면, 기체의 부피 역시 0이 되기 때문에 우리가 만들어낸 공식도 문제가 없다. 그러나 섭씨온도 0℃일 때 기체의 부피는 0이 아니다.

영하 온도가 있기 때문이다. 한겨울 날씨처럼 온도가 낮아지면서 섭씨 0℃ 또는 그 이하가 되는 순간은 수시로 일어난다. 하지만 섭씨온도가 0이라고 해서 우리 주변의 공기 분자들이 전부 운동을 멈추고 사라지는 일은 일어나지 않는다. 0℃에서도 엄연히 공기 분자들은 운동을 하고 있으므로 특정 부피 상태를 유지한다.

이제 섭씨 0℃일 때 기체의 부피를 V_0라 하자. 샤를은 압력이 일정할 때 기체 종류와 관계없이 모든 기체는 섭씨온도가 1℃씩 변할 때마다 0℃일 때 부피(V_0)의 $\frac{1}{273}$배씩 부피가 증가하거나 감소한다는 것을 알아냈다.

이 발견이 샤를의 가장 큰 업적이다. 샤를은 여러 개의 풍선에 종류가 다른 기체를 각각 같은 부피만큼 채우고 온도 변화를 주는 실험을 했는데, 그 결과 모든 기체에서 부피 변화가 똑같다는 것을 알아낸 것이다. 기체 종류와 상관없이 통용되는 법칙이 있다는 사실은 놀라운 발견이었다. 이에 대해서는 아보가드로 법칙에서 자세히 다루도록 하겠다.

결론적으로 섭씨온도가 t℃ 변할 때, 산소, 수소, 질소를 비롯한 어떤 종류의 기체든 부피는 $\frac{V_0}{273} \times t$씩 늘거나 준다.

이제 섭씨온도 형태의 샤를 법칙을 완성해 보자. 섭씨온도 0℃일 때 기체 부피를 V_0라고 하고, 섭씨온도 t℃일 때 기체 부피를 V라 하면 다음과 같이 나타낼 수 있다.

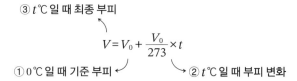

③ t℃일 때 최종 부피

$$V = V_0 + \frac{V_0}{273} \times t$$

① 0℃일 때 기준 부피   ② t℃일 때 부피 변화

이제 절대온도 0K이 왜 섭씨온도로는 -273℃가 되는지 알 수 있다. 절대온도 0K은 기체 분자의 운동이 없음을 나타내므로 기체의 존재 자체를 부정한다. 따라서 이때의 기체는 부피(V)가 0이 되어야 하므로 섭씨온도 t는 -273이어야 한다.

식이 복잡해 보이지만 0℃ 기준 부피 V_0에 섭씨온도가 증가할 때마다 늘어나는 부피($\frac{V_0}{273} \times t$)를 단순히 추가해 주면 된다. 일반적으로 표현할 때는 V_0를 한 번만 써서 아래와 같이 나타낸다.

$$V = V_0(1 + \frac{t}{273})$$

절대온도 형태의 식인 '$\frac{V}{T}$ = 일정'과 섭씨온도 형태의 식인 '$V = V_0(1 + \frac{t}{273})$'를 비교해 보면, 절대온도가 일상에서 쓰기에는 불편할지는 몰라도 자연의 단순함과 순수한 근원적 모습을 그대로 담고 있다는 것을 충분히 느낄 수 있을 것이다. 샤를 법칙을 활용하는 문제는 일상생활에서 주로 쓰는 섭씨온도 형태로 많이 출제된다.

샤를 법칙 적용 연습문제

문제 1

0℃, 1기압에서 부피가 27.3L인 기체가 있다. 압력은 일정하게 유지하면서 이 기체의 온도를 27℃ 올렸을 때, 이 기체의 부피는 얼마가 되는가?

보일 법칙에서 경험했듯이, 공식에 의존하는 문제 풀이를 벗어날수록 물리학의 본질에 접근할 수 있다. 샤를 법칙을 섭씨온도로 적용할 때는 0℃ 기체 부피를 기준으로 기체의 온도가 1℃씩 변할 때마다 기체의 부피는 $\frac{1}{273}$배씩 늘거나 준다는 것만 기억하면 된다.

① 문제에서 0℃ 기준 부피: 27.3L

② 27℃ 증가에 따른 부피 증가분: $\frac{27.3}{273} \times 27 \rightarrow 2.7L$

③ 0℃ 기준 부피 + 27℃ 상승에 따른 부피 증가분 = 최종 부피
　(27.3L)　　　　　　　（2.7L）　　　　　　　（30L）

문제 2

0℃, 1기압에서 부피가 200mL인 기체가 있다. 압력은 일정하게 유지하면서 이 기체의 부피를 300mL가 되게 하려면 기체의 온도는 몇 ℃가 되어야 하는가?

① 0℃ 기준 부피: 0.2L

② 추가된 부피: 0.1L (기준 부피 0.2L에서 나중 부피가 0.3L가 되었으므로)

③ 부피 증가분: $\frac{0.2}{273} \times t = 0.1$ ∴ $t = 136.5℃$

함짜대면의 시간

보일-샤를 법칙

기체의 부피는 압력에 반비례($V \propto \dfrac{1}{P}$)하고 (절대)온도에는 비례($V \propto T$)한다. 이 두 관계를 한 번에 나타낼 수 있다. 이제 삼자대면의 시간이다.

$$V \propto \frac{T}{P}$$

여기에 마지막으로 새로운 보정 값을 추가해서 법칙화하면 된다. 보정 값은 하던 대로 k_3를 넣자.

$$V \propto \frac{T}{P} \rightarrow V = k_3 \frac{T}{P}$$

보일-샤를 법칙에서는 'P 일정', 'T 일정'과 같은 단서가 붙지 않는다. 당연한 말이지만, 압력과 온도가 동시에 변해도 적용할 수 있도록 두 법칙을 묶어 일반화했기 때문이다. 이제 지금까지 해왔던 대로 처음 상황과 변화된 상황을 비교해서 적용할 수 있는 형태로 바꿔보자. 즉 어떠한 상황에도 일정한 값 k_3가 되도록 하는 것이다.

$$\frac{PV}{T} = k_3 \rightarrow \frac{PV}{T} = \text{일정}$$

처음 상황에 첨자 1, 나중 상황에 첨자 2를 붙여 정리하면,

$$\frac{P_1 V_1}{T_1} = k_3 = \frac{P_2 V_2}{T_2} \rightarrow \frac{P_1 V_1}{T_1} = \frac{P_2 V_2}{T_2}$$

이제 k_3에 의존할 필요 없이 처음 상황과 나중 상황을 서로 비교하면 기체의 온도, 압력, 부피 정보를 손쉽게 알아낼 수 있다.

문제 1

0℃, 1기압에서 부피가 1L인 기체가 있다. 이 기체의 온도를 273℃
로 올리고 기압은 2기압으로 높였을 때, 기체의 부피는 얼마가 되
는가?

온도와 압력, 두 요인이 동시에 변하니 복잡하다고 느껴질 것이다.
그러나 해결법은 의외로 단순하다. 한 번에 한 개씩 두 번 사고하는 것
이다. 많은 사람이 어려운 문제를 한 번에 해결할 수 있는 비법이 세상
에 존재할 것이라 생각하지만, 단연코 그런 비법은 없다. 슈퍼컴퓨터
역시 획기적인 방법으로 문제를 해결하는 것이 아니라 단순히 계산 속
도를 높여 최종 결과 도출까지의 시간을 큰 폭으로 줄인 것이다.

다시 문제로 돌아오자. 지금까지 해왔던 대로 기체의 상황을 머릿속
에서 정리만 하면 된다. 단지 온도를 먼저 적용할지, 압력을 먼저 적용
할지는 여러분의 선택이다.

1) 샤를 → 보일 순으로 적용
① 1L 기체의 온도를 273도 높였기 때문에 부피 증가분은

$$\frac{1}{273} \times 273 \rightarrow 1L$$

② 1L의 기체가 온도 증가로 인해 부피 1L가 추가로 늘었으니 현재
부피는 2L
③ 2L의 기체에 2배 압력을 가하니 부피는 1/2배가 될 것이므로 최
종 부피는 1L

2) 보일 → 샤를 순으로 적용

① 압력을 2배 높였으니 부피는 1/2배로 줄어 1L → 0.5L

② 0.5L 기체의 온도를 273도 높였기 때문에 부피 증가분은

$$\frac{0.5}{273} \times 273 \to 0.5L$$

③ 압력에 의해 부피가 0.5L가 된 후, 온도 증가로 인해 부피가 0.5L 늘었으므로 최종 부피는 1L

어떤 순서로 접근하든 같은 결론에 도달한다.

문제 2

0℃, 1기압에서 처음 부피를 모르는 기체가 있다. 이 기체의 온도를 546℃, 압력은 2기압으로 변화시켰을 때 기체의 부피가 600mL라면 처음 기체의 부피는 얼마인가?

1) 샤를 → 보일 순서로 적용

① 처음 기체의 부피를 V_0라 할 때, 온도 증가에 의한 부피 증가분

$$\frac{V_0}{273} \times 546 \to 2V_0$$

② 처음 부피 V_0에 온도에 의해 증가된 $2V_0$를 추가하면 현재 기체의 부피는 $3V_0$

③ $3V_0$ 부피의 기체에 압력을 2배 가했으니 최종 부피는 $1.5V_0$

④ $1.5V_0$가 0.6L이므로 $V_0 = 0.4L$

2) 보일 → 샤를 순서로 적용

① 처음 부피 V_0인 기체에 압력을 2배 가했으므로 부피는 $\dfrac{V_0}{2}$

② 부피 $\dfrac{V_0}{2}$ 기체에 546℃의 온도를 높였을 때 부피 증가분

$$\dfrac{V_0/2}{273} \times 546 \rightarrow V_0$$

③ 현재 부피 $\dfrac{3V_0}{2}$가 0.6L이므로 $V_0 = 0.4L$

다섯 요소의 관계를 동시에 분석하기

아보가드로 법칙 (1)

보일 법칙과 샤를 법칙까지는 그럭저럭 이해되고 열역학이 별로 어렵지 않다고 느낄 무렵, 아직 끝판왕도 아닌 아보가드로가 길 앞을 가로막는다. 아보가드로 법칙은 많은 사람에게 '멘탈 붕괴'를 선사하는 일등 공신이다. 우선 아보가드로 법칙은 다음과 같다.

같은 온도와 같은 압력에서는 기체의 종류에 상관없이 같은 부피 속에 같은 수의 입자(분자)를 포함한다.

원래 이 내용은 아보가드로의 가설이었다. 하지만 기체를 구성하는 입자가 분자임이 밝혀진 이후 그대로 법칙이 되었다. 이제부터 아보가드로 법칙을 실험이 아닌 논리로 이해해 보자.

① **같은 온도**와 ② **같은 압력**에서는 ③ **기체의 종류**에 상관없이 ④ **같은**

부피 속에 ⑤ 같은 수의 분자를 포함한다.

아보가드로 법칙이 이해하기 어려운 이유는 위와 같이 5개 항목 간의 관계를 하나씩 따져봐야 하기 때문이다.

1단계

①과 ⑤에서부터 출발하자. 특정 온도(①), 특정 분자 수(⑤)의 기체를 먼저 생각한다. 이 기체를 일정한 부피(④)의 용기에 넣으면 기체 분자들이 운동을 하면서 용기 벽에 충돌하기 때문에 일정한 압력(②)이 생긴다. 이 조건을 기준으로 삼아 사고 실험을 해볼 것이다.

1단계(기준 설정)

분자 수: n	현재 부피: V
온도: T	현재 압력: P

2단계

만약 1단계보다 더 좁은 부피의 실린더에 이 기체를 넣으면 분자의 개수와 온도는 변함이 없기 때문에 실린더 벽에 충돌 횟수가 늘어나 압력이 증가한다.

2단계(조작 시작): 부피 감소($V\downarrow$)

분자 수: n
온도: T $\rightarrow$ 압력 증가: $P\uparrow$
현재 부피: $V\downarrow$

3단계

압력이 증가되는 것을 원치 않아 원래 압력으로 되돌리고 싶다. 그렇다면 다시 부피를 원래대로 하면 되지만, 다른 요인을 바꿔보기로 하자. 즉 부피가 줄어든 상황을 유지한 채 분자 수를 줄여 충돌 횟수를 감소시키면 압력을 원래대로 되돌릴 수 있다. 즉 실린더에서 분자들을 빼내서 압력을 처음 상태로 만든다.

3단계(조작 중): 분자 수 감소($n\downarrow$)

분자 수: $n\downarrow$
온도: T $\rightarrow$ 압력 환원: P
현재 부피: $V\downarrow$

4단계

이제 줄어든 부피를 늘려 원래 부피로 되돌려 보자. 처음보다 분자 수가 줄었기 때문에 원래 압력이 유지되지 않고 압력이 줄어든다.

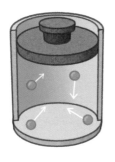

4단계(조작 중): 부피 환원(V)

분자 수: $n\downarrow$
온도: T
현재 부피: V ⟶ 압력 감소: $P\downarrow$

5단계

줄어든 압력을 다시 원래 압력이 되도록 압력을 증가시키려고 한다. 아직 건드리지 않은 것은 온도다. 온도를 높이면 분자들의 운동이 활발해져 충돌 횟수가 늘어난다. 즉 다시 처음 압력을 만들 수 있다.

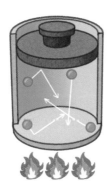

5단계(조작 중): 온도 증가($T\uparrow$)

분자 수: $n\downarrow$
온도: $T\uparrow$
현재 부피: V ⟶ 압력 환원: P

6단계

이제 마지막이다. 온도를 증가시키지 않고 처음 온도를 유지하면서 압력을 되돌릴 수는 없을까? 방법은 줄어든 분자 수를 늘려 다시 원래 분자 수로 되돌리면 된다.

6단계(조작 완료): 온도(T) 및 분자 수(n) 환원

분자 수: n
온도: T　　　→ 압력 환원: P
현재 부피: V

아보가드로 법칙은 온도, 압력, 부피가 정해지면 그 안의 분자 수가 결정되며, 외부 요인이 변하지 않는 한 분자 수는 변하지 않음을 의미한다. 중요한 점은 기체의 종류를 바꿔서 사고 실험을 반복해도 논리적으로 달라지는 것이 없다는 것이다. 이는 샤를이 발견한 기체 종류와 관계없이 기체의 부피가 온도에 따라 모두 1/273의 비율로 변하는 것과 일맥상통한다.

다섯 요소의 관계를 동시에 분석하기

아보가드로 법칙 (2)

① 같은 온도와 ② 같은 압력에서는 ③ 기체의 종류에 상관없이 ④ 같은 부피 속에 ⑤ 같은 수의 분자를 포함한다.

아보가드로 법칙이 의미하는 것은 무엇일까? 결론적으로 같은 부피(④) 속 같은 온도(①)의 분자들이 같은 압력(②)을 유지하기 위해서는 분자 수(⑤) 역시 같아야 한다는 것이다. 그러나 기체 분자의 크기와 질량은 기체 종류에 따라 모두 다르기 때문에 종류가 다른 기체라면 같은 부피에 들어갈 수 있는 분자 수 역시 달라져야 한다. 마치 정지한 농구공보다 정지한 탁구공을 같은 크기의 공간에 더 많이 넣을 수 있는 것과 같다.

그런데 사고 실험의 결론은 같은 조건에서 운동하는 농구공과 운동하는 탁구공은 같은 크기의 공간에 같은 개수가 들어간다는 것이다! 이 말은 분자가 운동하면서 난동을 피우는 공간이 설정되면 이 공간의 크기에 비해 분자의 크기(공 크기)는 너무나 작아서 의미가 없다는 뜻이다.

공간을 마구 날뛸 수 있는 분자가 가능한 상태는 오직 기체뿐이다. 기체의 물리적 특성은 온도와 에너지에 따른 기체 분자에 의해 결정되지, 어떤 종류의 분자인지는 중요하지 않다. 이러한 이유로 가장 마지막에 남는 ③번 조건을 얻을 수 있는 것이다.

여기까지 내용이 조금 어려웠다면 이렇게 정리해 보자. ①, ②, ④, ⑤의 조건에서 공통적인 것은 바로 '같은'이다.

같은 ① 온도와 같은 ② 압력에서는 ③ 기체의 종류에 상관없이 같은 ④ 부피 속에 같은 ⑤ 분자 수를 포함한다.

이 네 가지 요인(①, ②, ④, ⑤)이 모두 같다면 마지막 ③요인도 '같을 수밖에 없다'라는 것이다. 그런데, ③은 종류이기 때문에 종류 자체는 같을 수가 없다. 결국 같아야 하는 것은 바로 분자 자체가 아니라 '분자의 운동에 의한 효과'인 것이다. 요약하면, 기체 분자의 존재감은 분자의 크기로 결정되지 않는다. 대신 특정 온도에 따른 운동 정도, 분자의 개수, 분자들이 점유하는 공간의 부피, 그리고 이들이 가하는 압력으로 결정된다.

이제 운동하는 기체 분자로 구성된 기체를 정의할 때 분자의 종류는 의미가 없다는 것이 밝혀진 만큼 모든 기체에 적용할 수 있는 대원칙을 뽑아낼 수 있다.

　0℃, 1기압에서[7] 부피 22.4L 속에 기체 분자는 어떤 종류의 기체라
도 똑같이 약 6×10^{23}개가 들어간다. 0을 그대로 써서 나열하면
600,000,000,000,000,000,000,000개다. 10L짜리 종량제 쓰레기봉투
2개 정도 되는 공간에 이렇게나 많은 기체 분자가 난동을 피우며 존재
한다니 놀라울 뿐이다. 이 분자 개수를 '아보가드로 수'로 이름 붙이고
1몰(mol)이라는 단위를 따로 정했다. 특정 공간 안의 기체 분자는 너
무도 많아서 1개, 2개, 3개… 일일이 세는 것은 의미가 없기 때문이다.

　몰은 많은 수를 묶어서 세기 쉽게 단위화한 것일 뿐 전혀 대단한
것이 아니다. 일반적으로 달걀은 낱개가 아닌 30개를 묶음으로 판매하
는데, 이를 단순히 달걀 1판을 산다고 이야기하는 것과 똑같다. 일상에
서 아무렇지도 않게 쓰이는 묶음 단위인 꾸러미, 통, 세트, 다스 등도
과학에서 쓰였다면 어렵게 느껴졌을 것이다. 그렇다면 거꾸로 몰을 일
상으로 끌어와서 적용해 보자. 사람들이 몰을 익숙하게 여길 수 있도
록 쓰레기봉투 규격을 22.4L로 바꾸는 것은 어떨까? 또는 지금부터
대대손손 달걀 또는 도넛만 먹고 살아갈 굳은 결심을 하고 각각
6×10^{23}개를 구입하고자 한다면 마트에 달려가서 "달걀 1몰 주세요!",
"도넛 1몰 주세요!"라고 외치는 것이다.

　지금까지 몰(n)을 쉽게 설명하기 위해 단순 분자 개수로 설명했

7　이를 '표준 상태'라고 한다.

지만, 사실 몰은 개별적인 분자 수가 아닌 '몰'이라는 단위의 수다. 따라서 $n = 1$(1몰)이면 실제 분자 수는 6×10^{23}개, $n = 3$(3몰)이면 1.8×10^{24}개가 된다.

앞서 설명했듯이 기체 분자의 크기는 큰 의미가 없으므로 종류별로 특별함을 부여할 필요가 없다. 그러나 이들의 질량은 또 다른 이야기다. 같은 공간 안에 같은 수의 운동하는 농구공과 탁구공이 들어 있다면 이들의 질량은 엄연히 다르다. 기체 역시 종류별로 질량이 다르다. 즉 10L 종량제 쓰레기봉투에 같은 온도의 수소 기체, 질소 기체, 산소 기체를 채우면 이 속에 들어 있는 분자 수는 모두 똑같지만, 전체 봉투의 질량은 각각 다르다. 이 때문에 분자량(분자 1개의 상대적 질량)이라는 개념을 도입할 수 있게 되었다.

전체 질량을 분자 수로 나누면 분자 1개당 상대적 질량을 구할 수 있다. 만약 화학에서 일정 성분비 법칙을 공부했다면, 작아도 너무 작은 분자 1개의 질량을 도대체 어떻게 알아낸 것인지 의문이 들었을 것이다. 이는 분자의 상대적 질량이고, 그 출발점 역시 아보가드로 법칙이다.

다섯 요소의 관계를 동시에 분석하기

아보가드로 법칙 (3)

지금까지의 내용을 깔끔하게 한 줄로 정리할 시간이다. 아보가드로 법칙은 동일한 조건(같은 온도와 같은 압력, 즉 분자들의 운동 정도가 같을 때)에서 특정 부피에 들어가는 분자의 개수는 기체의 종류와 관계없이 항상 일정하다는 것을 나타낸다. 이를 활용하면 기체의 분자 수를 쉽게 구할 수 있다. 어떤 종류의 기체든 특정 조건에서 기체 부피만 측정하면 되기 때문이다.

예를 들어 특정 부피의 봉지로 기체를 싸잡으면, 이 안에 들어가는 공기 분자 수는 봉지 부피에 따라 정확하게 정해지는 것이다. 기체의 부피가 2배가 늘면 분자 수도 2배가 되고 부피가 3배가 되면 분자 수도 3배가 된다. 반대로 분자의 수가 늘거나 줄었다는 정보를 통해 기체의 부피를 알아낼 수도 있다.

$$V \propto n \ (T \text{ 일정}, P \text{ 일정})$$

역시 일반화를 위해 보정 값 k_4를 추가하면 등호(=)로 나타낼 수 있는 법칙이 된다.

$$V = k_4 n$$

지금까지 해왔던 대로 변화된 상황을 비교해서 적용할 수 있는 형태로 만들면, 도무지 무슨 말인지 이해하기 어려웠던 아보가드로 법칙이 이렇게 깔끔하게 정리된다.

$$\frac{V}{n} = k_4 \rightarrow \frac{V}{n} = 일정,$$

$$\frac{V_1}{n_1} = k_4 = \frac{V_2}{n_2} \rightarrow \frac{V_1}{n_1} = \frac{V_2}{n_2}$$

단 한 줄로 정리하는 기체의 특성

드디어 이상기체 상태 방정식을 유도해 낼 때가 왔다. 보일, 샤를, 아보가드로에 의해 밝혀진 기체의 정보 조각들을 이제 하나로 모으기만 하면 된다. 마침내 복잡한 기체의 특성을 단 한 줄로 정리할 수 있는 것이다.

$$
\begin{aligned}
&\text{① 보일 법칙: } PV = k_1 \\
&\text{② 샤를 법칙: } \frac{V}{T} = k_2 \\
&\text{③ 아보가드로 법칙: } \frac{V}{n} = k_4
\end{aligned}
\quad \longrightarrow \quad \frac{PV}{nT} = k_5
$$

k_5는 위 세 가지 법칙을 한 번에 아우를 수 있는 새로운 보정 값이다. 이 값은 볼츠만 상수와 아보가드로수의 곱과 같은데, R로 표기하고 '기체 상수'라 읽는다.

$$\frac{PV}{nT} = R \rightarrow PV = nRT$$

드디어 너무도 중요한 이상기체 상태 방정식을 유도해 냈다. 이상기체 상태 방정식은 현재 기체가 어떤 상태인지를 알려주는 것으로 기체 분자 개별이 아닌 기체 분자 집단의 거시적 특성을 압력, 부피, 온도, 몰수(분자 수)라는 4가지 상태 변수로 표현한 것이다. 따라서 기체 분자 하나하나가 어떻게 행동하는지에 관한 미시적 정보는 담고 있지 않다.

그러나 여기까지 오는 과정에서 이미 기체 분자 운동론을 적용해서 미시적 접근을 자연스럽게 혼합해 개념을 이끌었다. 기체 분자 운동론이란 개별적 기체 분자 운동을 기준으로 이를 확대하면서 전체 기체 집단을 설명하는 이론이다. 즉 난동 부리는 기체 분자의 행동으로 설명했던 모든 내용이 사실은 전부 기체 분자 운동론에 근거한 과학적 내용이었던 것이다.

단 한 콜로 정리하는 기체의 특성

지금까지 길게 설명한 이상기체 상태 방정식($PV=nRT$)은 기체에 관한 모든 법칙이 녹아 있는 기체 법칙의 총집결판이다. 특히 열기관, 즉 엔진 구동에 필요한 핵심을 담고 있다.

그런데 걸리는 게 하나 있다. 왜 기체 상태방정식 앞에 '이상'이란 말이 붙느냐는 것이다. 이상(ideal)을 직역하면 현실적이지 않은 기체라는 뜻이다. 그렇다면 이상적인 기체와 현실적인 기체의 차이는 무엇일까?

기체 분자들이 운동하는 원인은 운동 에너지 때문이다. 그런데 겉으로 드러나지 않고 숨은(저장된) 에너지도 있는데, 이것이 앞서 설명한 일을 해서 음식물이 아닌 돈으로 받아 저장하는 개념인 퍼텐셜 에너지다.

분자 세상에도 이 퍼텐셜 에너지가 존재한다. 지구의 중력처럼 분자들 사이에도 보이지 않는 용수철이 연결되어 있어서 분자 간 거리에 따라 용수철이 압축되거나 늘어나며 서로에게 힘을 작용하고 일을 하는 효과가 나타나는 것이다. 퍼텐셜 에너지는 상태 변화 과정에서 드러난다.

고체 → 액체 → 기체의 상태 변화를 관찰하기 위해서 얼음에 열에너지를 계속 가하는 경우를 살펴보자.

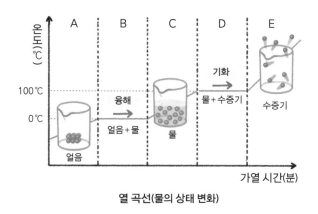

열 곡선(물의 상태 변화)

① A구간(온도 증가): 얼음 상태
가해준 열에 의해 얼음 분자의 운동 에너지가 증가해 온도가 상승한다.

② B구간(온도 일정): 상태 변화(얼음 → 물) 구간
가해준 열은 얼음 분자 간 거리 및 배열을 바꾸는 퍼텐셜 에너지 변화에 사용되므로 온도가 변하지 않는다.

③ C구간(온도 증가): 물 상태

가해준 열은 물 분자의 운동 에너지를 증가시키기 때문에 온도가 상승한다.

④ D구간(온도 일정): 상태 변화(물 → 수증기) 구간

가해준 열은 물 분자 간 거리 및 배열을 바꾸는 퍼텐셜 에너지 변화에 사용되므로 온도가 변하지 않는다.

⑤ E구간(온도 증가): 수증기 상태

가해준 열은 수증기 분자 운동 에너지를 증가시키기 때문에 온도가 상승한다.

앞서 퍼텐셜 에너지를 '숨겨진 에너지'라 표현했다. 그 이유는 퍼텐셜 에너지는 온도로 측정되지 않기 때문이다. 온도가 나타내는 것은 분자들의 운동 에너지뿐이다. 따라서 가해준 열에너지가 전적으로 분자 간 결합을 끊는 데만 사용되는 상태 변화 시에는 온도 변화가 없다.

이를 돈으로 비유하면, 월급이 음식물 구입이 아니라 은행 대출금이나 카드값 같은 빚을 갚는 데 사용된 것과 같다. 즉 B구간은 고체에서 액체로, D구간은 액체에서 기체로 경제적 삶의 질을 높이기 위해 겉으로 드러나지 않는 숨겨진 대출금을 갚는 구간이라고 이해하면 쉽다.

기체 분자들은 움직이고 있고(운동 에너지), 기체 분자들 사이에도 분자력이 작용한다.(퍼텐셜 에너지) 따라서 기체의 총에너지는 운동 에너지와 퍼텐셜 에너지를 모두 포함해야 한다. 이 두 에너지를 합쳐 기체의 내부 에너지라고 한다.

내부 에너지(U) = 운동 에너지(E_k) + 퍼텐셜 에너지(E_p)

내부 에너지는 고전 역학의 역학적 에너지($E = E_k + E_p$)와 같은 개념이지만 내부와 외부라는 차이가 있다. 역학적 에너지는 물체 자체의 움직임이나 위치에 따른 에너지의 총합이고, 내부 에너지는 물질을 구성하는 입자가 지닌 에너지의 총합이다.

이 둘을 구분하기 혼란스럽다면 비유를 들어보겠다. 지상 최고의 덩치 포유류인 코끼리는 외부에서 힘으로 제압해서 쓰러뜨리기 어렵다. 코끼리가 역학적 에너지에 기반해 외부로 발산하는 힘이 엄청나기 때문이다. 그러나 제아무리 큰 힘을 내는 코끼리라 할지라도 내부에 병이 나면 쉽게 쓰러질 수 있다. 이처럼 외부에 일을 할 수 있는 에너지와 물체 내부에서 일을 할 수 있는 에너지는 다르다.

흔히 하는 실수 중 하나가 물체가 열을 갖고 있다고 생각하는 것이다. 물체가 지니는 에너지는 물질을 구성하는 입자들의 에너지 합이며 이것이 곧 내부 에너지다. 즉 물체는 열이 아니라 내부 에너지를 갖고 있는 것이다. 내부 에너지를 E가 아닌 U로 표현하는 이유도 외부로 드러나는 역학적 에너지와 구분하기 위해서다.

다시 처음 질문으로 돌아가 보자. 이상기체에서 '이상'은 무엇을 뜻하는 것일까? 이상기체는 분자 간 힘의 영향력이 없을 만큼 분자끼리 멀리 떨어져 있다고 가정한다. 따라서 분자 간 퍼텐셜 에너지가 없으며 오직 분자 운동에 의한 운동 에너지만 존재한다. 즉 이상기체는 기체의 내부 에너지가 곧 운동 에너지다.(내부 에너지=운동 에너지)

이로 인해 열역학에서 이상기체에 열에너지 출입이 발생하면 기체 분자의 운동 에너지 변화가 일어난다. 이것을 기체 내부 에너지 변화 또는 온도로 표현한다. 결론적으로 기체 분자의 운동 에너지, 기체의 내부 에너지, 온도는 열역학에서 모두 같은 뜻이며 상황에 맞는 표현이 선택되어 쓰인다.

$$\triangle U \leftrightarrows \triangle E_k \leftrightarrows \triangle T$$

내부 에너지(U)와 온도(T), 그 중심에 운동 에너지(E_k)가 있다.

이상기체가 현실적이지 않다는 뜻이긴 하지만, 현실에서도 상온(15~25℃)에서 일반적인 기체들은 충분히 이상기체처럼 행동한다. 이 덕분에 기체의 종류와 관계없이 온도에 따라 0℃ 기준 부피의 1/273배씩 부피가 변한다는 샤를의 법칙은 물론, 더 나아가 아보가드로 법칙이 정립될 수 있었다.

그러나 온도가 계속 낮아지면 분자의 운동이 줄어 분자 간 거리가 가까워진다. 그러면 분자력이 더 이상 무시할 수 없는 힘이 되고, 분자의 운동 에너지가 퍼텐셜 에너지로 전환되면서 분자들은 자신의 운동 에너지를 더욱 급격히 잃게 된다.

산소 기체는 −183℃, 질소 기체는 −196℃에서 액체가 된다. 즉 이 정도의 열에너지면 더 이상 에너지 재벌(기체)로 남을 수 없는 것이다. 온도가 더 낮아지면 고체까지 상태 변화가 일어나는데 이는 열에너지 서민으로 전락해 버리는 것과 같다. 따라서 낮은 온도에서는 더 이상 이상기체 상태 방정식이 성립하지 않는다. 이제 이상기체가 아니기 때문이다.

고체, 액체와 달리 기체만 지니고 있는 고유 특징의 핵심은 바로 분자 간 거리이고, 이 거리의 근본 원인은 분자의 운동이다. 결국 모든 것은 분자들의 에너지로 귀결된다.

기체 분자 운동론의 이상기체 조건

① 기체 분자는 무질서한 방향으로 끊임없이 운동한다.(경제적 자유)

② 기체 분자의 크기는 무시할 수 있다.(돈만 있으면 외모는 상관없다.
　단, 질량은 무시 못함)

③ 기체 분자 사이에 분자력이 작용하지 않는다.($E_p = 0$, 빚 없이 산다.)

④ 기체 분자들의 평균 운동 에너지(재산)는 절대온도(연봉)에 비례한다.

열역학 여행을 떠나기 전 마지막 해비 (1)

이상기체의 내부 에너지는 분자의 운동 에너지밖에 없다. 따라서 내부 에너지는 온도로 표현이 가능하다.

이상기체의 내부 에너지 $\propto$ 온도

$$U \propto T$$

내부 에너지는 기체 분자들의 운동 에너지의 총합이고, 온도는 기체 분자들의 운동 에너지의 평균값이기 때문에 이 둘은 같은 것이 아니다. 그렇지만 내부 에너지 변화를 온도로 나타낼 수 있다는 것만은 꼭 기억하자. 이는 후에 열역학 과정에서 매우 중요하게 쓰일 것이다.

$$\triangle U \fallingdotseq T \cdots ①$$

이상기체 상태 방정식($PV=nRT$)을 온도로 나타내면 $T=\dfrac{PV}{nR}$이지만 지금부터는 이 식을 축약해서 사용하겠다. 첫 번째 생략 대상은 몰 수인 n이다. 실린더 안에 가둔 기체 1몰에서 기체가 추가로 투입되거나 빠져나가는 상황은 고려하지 않는다. 그럼 온도는 $T=\dfrac{PV}{R}$로 표현된다. 두 번째 생략 대상은 기체 상수 R이다. 이 역시 $R=1$로 가정하자. 이제 기체의 온도는 기체의 압력과 부피만으로 간단하게 정리된다.

$$T \fallingdotseq PV \cdots ②$$

(이후부터 $T \fallingdotseq PV$를 $T=PV$로 어림해 사용한다.)

이 식은 기체의 온도가 높아져($T\uparrow$) 기체 분자들의 운동 에너지가 커지면 용기 벽에 충돌하는 횟수가 늘어 압력이 증가하거나($P\uparrow$) 기체들이 점유하는 부피가 증가함을($V\uparrow$) 나타낸다. 반대로 말하면 기체의 압력과 부피를 알면 기체 온도를 알 수 있음을 의미한다.

결국 온도를 통해서 기체의 내부 에너지 변화($T=\triangle U \cdots ①$)뿐만 아니라 기체의 압력과 부피($T=PV \cdots ②$)도 알 수 있기 때문에 온도는 기체의 내면(내부 에너지)과 외모(압력, 부피)를 모두 알려주는 최강의 지표인 것이다. 온도의 진정한 가치는 이 정도까지의 열역학적 내용을 알고 있어야만 비로소 알아볼 수 있다. 참고로 $T=\triangle U \cdots ①$과 $T=PV \cdots ②$를 단순히 합쳐 한 줄로 나타내면 열역학 1법칙($Q=\triangle U+P\triangle U$)이 된다. 이에 관해서는 뒤에서 자세히 다루겠다.

열역학 여행을 떠나기 전 마지막 해비 (2)

이상기체 상태 방정식 $PV=nRT$에서 뽑아낸 $T=PV$ … ②의 의미를 좀 더 구체적으로 알아보기 위해 보일 법칙으로 돌아가자.

$$P_1 V_1 = P_2 V_2$$

보일 법칙이 성립하기 위해 가장 중요한 통제 요소는 바로 온도였다. 온도가 일정한 상황에서만 보일 법칙이 성립한다. 이를 증명해 보자. 특정 상황의 기체 온도를 $T_1=P_1 V_1$과 같이 압력과 부피로 표현할 수 있다. 마찬가지로 변화된 다른 상황에서의 온도는 $T_2=P_2 V_2$로 표현된다. 이 두 식을 위의 보일 법칙에 적용하면,

$$P_1 V_1 = P_2 V_2 \rightarrow T_1 = T_2$$

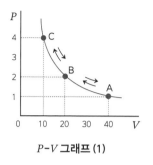

P-V 그래프 (1)

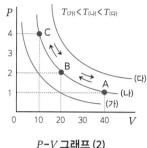

P-V 그래프 (2)

상황 1과 상황 2의 온도가 똑같다는 것을 알 수 있다. 즉 압력과 부피가 변해도 온도는 변하지 않고 일정하다는 것이 역으로 증명된다. 이는 기체의 부피와 압력이 변할 때 열이 기체로부터 들어오거나 ($+Q$) 빠져나감($-Q$)으로써 온도 변화가 없음을 의미한다.(들어오는 것을 +, 나가는 것을 -로 표기) 이를 열역학에서는 '등온 과정'이라 한다.

기체의 압력과 부피의 관계를 나타낸 $P-V$ 그래프 (1)에서 온도가 일정하다는 조건은 어디서 찾을 수 있을까? 바로 곡선의 모양 그 자체다. 이런 모양의 그래프를 '등온 곡선'이라고 한다. 그래프 (1)에서 $T=PV$를 적용해 보면 A지점의 온도는 1×40, B지점의 온도도 2×20, 마찬가지로 C지점의 온도도 4×10으로 곡선의 모든 지점이 40이라는 똑같은 온도 값을 나타내고 있다. 즉 온도가 같은 모든 지점을 연결한 것이 등온 곡선이다. 이 그래프 곡선의 형태가 온도를 나타낸다.

$P-V$ 그래프 (2)는 온도가 다른 3개의 등온 곡선을 동시에 나타낸 것이다. 세 곡선 안에서 어느 지점을 선택하든 $T=PV$를 적용해 보면 기체의 온도는 (가)< (나)< (다)임을 알 수 있다.

이제 샤를 법칙도 확인해 보자.

$$\frac{V_1}{T_1} = \frac{V_2}{T_2}$$

샤를 법칙이 성립하기 위한 조건은 압력이 일정한 경우다. 상황 1 에서의 온도 $T_1 = P_1 V_1$과 상황 2에서의 온도 $T_2 = P_2 V_2$를 적용해 보자.

$$\frac{V_1}{P_1 V_1} = \frac{V_2}{P_2 V_2} \rightarrow \frac{1}{P_1} = \frac{1}{P_2} \rightarrow P_1 = P_2$$

온도가 변해서 기체 분자의 운동 정도가 달라질 때, 부피도 함께 변해서 결과적으로 충돌 횟수에는 변화가 없는 상황이다. 이를 '등압 과정'이라고 한다.

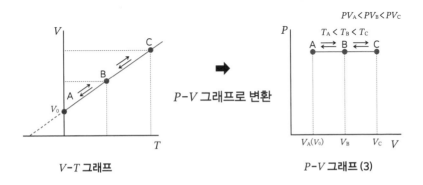

V-T 그래프 P-V 그래프로 변환 P-V 그래프 (3)

샤를 법칙의 V-T 그래프는 A → B → C로 갈수록 기체의 온도와 부피가 증가함을 보여준다. 이때 그래프의 기울기가 일정한데, 기울기는 $\frac{V}{T}$ 이므로 여기에 $T=PV$를 적용해 보면 $\frac{1}{P}$로 결국 압력이 일정함을 알 수 있다.

V-T 그래프를 압력-부피 그래프로 변환해 보면 P-V 그래프 (3)과 같다. A, B, C의 압력은 변하지 않고 모두 같지만, A → B → C로 갈수록 부피가 증가하기 때문에 압력과 부피의 곱으로 나타낼 수 있는 온도 역시 증가한다.

이는 부피가 늘었는데 압력이 떨어지지 않고 일정하다는 사실로도 알 수 있다. 부피가 늘면 기체 분자의 충돌 횟수가 줄어 압력이 떨어져야 하는데, 압력이 유지된다는 것은 기체 분자 운동도 함께 활발해졌음을 의미한다. 다시 말해 온도가 증가했다는 것이다.

V-T 그래프와 P-V 그래프 (3)은 똑같은 현상을 요인만 달리해서 나타낸 것으로 단지 표현 차이만 있을 뿐이다.

1. 이상기체 상태 방정식

① 보일 법칙

$PV = $ 일정

② 샤를 법칙

$\dfrac{V}{T} = $ 일정

③ 아보가드로 법칙

$\dfrac{V}{n} = $ 일정

$$PV = nRT$$

(이상기체 상태 방정식)

2. 기체의 내부 에너지(U)

$U = E_k + E_p$

3. 이상기체의 내부 에너지(U)

$U = E_k$

4. 기체 온도와 압력, 부피의 관계

$T \fallingdotseq PV$

($PV = nRT$에서 n과 R을 1로 어림 처리)

3장

열이란 무엇일까

에너지는 돈이다

지금까지 내부 에너지 재벌인 기체의 모든 것을 알아봤다. 기체의 현재 상황은 부피, 압력, 온도로 나타낼 수 있으며 이들 사이의 관계는 각각 보일, 샤를이 밝혀냈다. 또한 거시적으로 드러나는 기체라는 집단의 성질을 기체 분자 운동론을 적용해서 개별 분자들의 운동으로도 알아봤다. 그다음 기체 분자의 개수를 표현한 몰수를 추가함으로써 이 모든 것들을 이상기체 상태 방정식($PV = nRT$) 한 줄로 정리했다. 지금까지의 모든 내용은 가둔 기체 덩어리에 관한 것이었음을 기억하자.

이제 근원적인 질문을 할 차례이다. 과연 무엇이 기체를 내부 에너지 재벌로 만들었을까? 너무나 당연하게도 '에너지'다. 그러나 여기서 고민해야 할 것은 에너지가 과연 무엇이느냐는 문제다. 원래 당연한 질문에 대한 답이 가장 어려운 법이다. 결론부터 말하면, 놀랍게도 현대 물리학조차 에너지를 속 시원히 설명하지 못한다.

에너지는 물리학적으로 '일을 할 수 있는 능력'으로 정의된다. 그러나 뭔가 개운하지 않다. 에너지를 설명할 때는 일을 사용하고, 일을 설명할 때는 에너지를 사용하면서 정확한 답을 서로에게 미루며 회피하는 느낌마저 든다.

그만큼 에너지는 형이상학적이며 우리는 아직 이를 명확히 이해하지 못하고 있다. 따라서 에너지가 도대체 무엇인가라는 질문에 명쾌한 답을 내리는 것은 불가능하다. 단지 에너지가 있을 때와 없을 때 또는 에너지의 이동에 따른 물체가 보이는 변화를 통해 에너지의 존재와 특징을 유추해 낼 수 있을 뿐이다.

그럼 지금까지 해온 대로 에너지를 처음 이해할 때 '돈'을 떠올려 보자. 특히 돈의 흐름과 이에 따른 변화에 주목하는 것이다. 사전적으로 돈은 '구성원의 합의를 기반으로 한 경제적 교환의 매개체'로 정의한다. 즉 돈은 경제적 거래 능력을 수치화한 것이라고 볼 수 있는데, 이는 일을 할 수 있는 능력을 수치화한 에너지의 의미와 아주 비슷하다. 다만 에너지는 지폐나 동전처럼 눈에 보이는 형태가 없다. 물론 통장에 찍힌 숫자, 가상 거래처럼 시간이 갈수록 돈 역시 에너지처럼 점점 구체적인 형태를 잃어가고 있긴 하다.

에너지 교환은 거래다

　물질을 구성하는 분자들의 운동 변화는 아무런 근거 없이 일어나지 않는다. 분자들은 무언가를 받았을 때 운동이 활발해지고, 무언가를 잃었을 때 운동이 둔해진다. 이 무언가가 바로 에너지이며 이러한 에너지의 이동을 열(heat)이라고 한다. 다시 말해 열은 분자 운동에 변화를 일으키는 에너지의 이동을 의미한다. 따라서 에너지를 '돈'에 비유한다면, 열은 돈이 아닌 '돈거래'가 되는 것이다.

　이러한 이유로 기체가 열을 가지고 있다는 것은 잘못된 표현이다. 기체는 내부 에너지(돈)를 가지고 있고, 이를 갖게 된 원인이 바로 열(돈거래)이다. 일반적으로 열에 의해 주고받는 에너지를 열에너지, 열에너지 때문에 변화되는 분자의 운동을 열운동이라고 한다. 이는 '열'을 더욱 강조한 구체적인 표현이다.

　열이 등장하면서 지금까지와 크게 달라지는 점은 이제 하나가 아니라 두 개 이상의 물체나 계(시스템)가 등장한다는 것이다. 거래를 혼자서 할 수는 없다. 즉 열 이동은 최소한 온도가 다른 두 개 이상의 계가 필요하다는 뜻이다.

지금까지는 '나'에 대해 알아본 시간이었다면, 지금부터는 '타인과의 관계'에 주목한다. 특히 타인과 주고받는 돈거래를 통해 돈의 본질을 들여다보려고 한다. 다시 말해 열을 주고받으면서 발생하는 계의 변화를 살펴보면서 열에너지의 본질을 보다 깊게 알아볼 것이다.

온도가 다른 두 물체(계)를 접촉시키면 온도가 높은 물체에서 낮은 물체로 열이 이동한다. 따라서 높은 온도의 물체는 열에너지를 주는 만큼 입자의 운동이 줄어들어 온도가 낮아진다. 반면 온도가 낮은 물체는 정확히 온도가 높은 물체가 주는 만큼 열에너지를 받아 입자 운동이 활발해져 온도가 올라간다.

온도가 다른 물체 사이에 일어나는 열거래는 두 물체의 온도가 같아질 때까지 이루어진다. 온도가 같아지면 실질적인 열 이동은 멈춘다. 이처럼 두 물체 사이에서 열의 이동이 없을 때 두 물체가 '열평형'에 도달했다고 한다. 열역학에서 열평형이란 온도뿐만 아니라 계의 압력과 부피 모두가 시간이 지나도 변하지 않고 평형을 유지하는 상태를 일컫는다.

뜨거운 물이 담긴 컵을 식탁 위에 올려놓으면 시간이 지날수록 식는다. 물과 접촉한 주변 공기와 열평형을 이룰 때까지 물의 온도가 낮아지는 것이다. 그렇다면 뜨거운 물로부터 열을 받은 공기는 온도가 올라가야 하는데, 실제로는 공기의 온도 증가가 잘 드러나지 않는다.

이는 구성 물질의 양 차이 때문이다. 컵에 담긴 적은 양의 물에서 오는 열에너지가 공기 전체의 온도를 올릴 정도로 충분하지는 않다. 만약 실내 수영장의 물을 펄펄 끓였다면 수영장 안 실내 공기의 온도는 크게 올라갈 것이다. 대중 목욕탕의 습하고 뜨거운 공기를 생각하면 된다.

이렇게 접촉한 물질 사이의 열평형과 물질의 양적 차이를 동시에 이용한 것이 접촉식 온도계다. 만약 99℃의 뜨거운 물이 가득 담긴 드럼통에 1℃의 차가운 물 한 방울을 넣는 경우를 생각해 보자. 이때 두 물의 열평형 온도는 99℃가 된다.

반대로 1℃의 찬물이 가득 담긴 드럼통에 99℃의 뜨거운 물 한 방울을 넣는다면 두 물의 열평형 온도는 1℃가 될 것이다. 어느 경우든 물 한 방울은 상대의 온도를 변화시키지 않은 채 상대와 똑같은 온도로 열평형에 도달한다. 이것을 이용한 도구가 바로 온도계다. 따라서 온도계는 측정하고자 하는 물체보다 기본적으로 양이 매우 적어야만 한다.

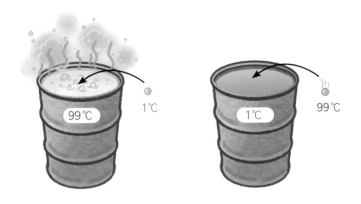

양자역학의 측정 문제도 이와 같이 접근할 수 있다. 양자역학은 원자의 세계를 다루는 학문이다. 원자 세계에서 일어나는 일들을 알아보기 위해 측정 도구를 사용하는 경우, 원자에 비해 측정 도구의 규모가 너무 크므로 원자 세계를 측정할 수 없다. 앞서 온도계의 예와는 반대로 거대한 드럼통 물로 물방울의 온도를 측정하려고 하는 것과 같다. 드럼통 물의 온도는 변하지 않으므로 물방울 온도를 측정할 수 없는 것은 물론, 오히려 측정 대상의 물방울 온도만 변화시키는 결과를 초래한다. 즉 측정 행위 자체가 측정 대상을 변화시키기 때문에 측정 자체가 불가능하다.

이를 설명한 것이 입자의 위치와 운동량을 동시에 정확하게 측정할 수 없다는 하이젠베르크의 불확정성 원리다. 물론 불확정성 원리는 측정 도구의 크기 때문이 아니라 자연 자체에 불확정성이 존재한다는 것을 나타낸다. 그러나 양자역학을 처음 접한다면 드럼통만큼 큰 온도계로 물방울의 온도를 측정한다는 예를 통해 양자 세계의 측정 문제를 쉽게 이해할 수 있을 것이다.

계의 크기로 열평형 온도 조절을 이용하는 또 다른 예가 냉장고다. 냉장고 안 공기의 온도를 낮게 유지한 채로 음식물을 넣으면, 온도가 높은 음식물에서 냉장고 안의 찬 공기로 열이 이동한다. 따라서 음식물은 냉장실의 낮은 설정 온도에서 열평형에 도달한다. 앞서 뜨거운 물이 담긴 컵이 음식물, 실내 공기가 냉장고 안 공기에 대응한다. 대신 냉장고 안의 공기는 음식물로부터 열을 받기 때문에 온도가 상승한다.

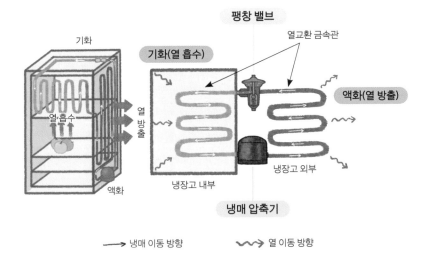

팽창 밸브

열교환 금속관

기화

기화(열 흡수)

액화(열 방출)

열 흡수

열 방출

액화

냉장고 내부

냉장고 외부

냉매 압축기

→ 냉매 이동 방향   ∿→ 열 이동 방향

 특히 보관하는 음식물의 양이 많아질수록 냉장실 온도는 더욱 빠르게 높아진다. 이 상태가 지속되면 결국 실외에 음식물을 놓는 것과 별반 차이가 없을 것이다. 그래서 냉장고 속 공기 온도를 낮추기 위해 강제 압축한 액체 냉매를 이용한다.

 금속관을 통해 액체 냉매를 냉장실 부근으로 이동시킬 때 팽창 밸브를 열어서 급격히 팽창시켜 기체로 만든다. 액체에서 기체로 상태 변화를 하려면 열에너지가 필요하므로 냉매는 주변에서 열을 흡수하는데, 이 열을 냉장실 안 공기로부터 공급받는 것이다. 따라서 냉장실 안 공기는 상태 변화하는 냉매에 열에너지를 빼앗겨 온도가 낮아진다.

 따라서 냉장실의 온도를 계속 낮게 유지하려면 냉장실을 지나는 냉매를 계속해서 기화시켜야 한다. 그러나 무한대로 냉매를 투입할 수는 없기 때문에 이미 기화된 냉매를 재활용한다. 기체가 된 냉매를 이번엔 강제 압축해서 액체로 만든다. 이때 냉매로부터 방출되는 액화열은 냉장고 뒷면을 통해 외부로 나간다. 이와 같이 순환하는 냉매의 반복되는 상태 변화를 통해 열은 냉장고 밖으로 계속 이동한다.

꽉 움켜쥔 스펀지를 물에 담근 후 손에 힘을 빼서 팽창시키면 스펀지는 물을 가득 머금게 된다. 이제 물먹은 스펀지를 밖으로 옮긴 후 쥐어짜 압축시키면 스펀지는 머금은 물을 토해낸다. 이러한 과정을 반복하면 물을 다른 곳으로 옮길 수 있다. 이와 같이 냉매가 기화하고 액화하는 과정을 반복하면서 열은 냉장고 안에서 밖으로 이동하는 것이다.

이때 냉매를 기화시키는 팽창 밸브와 냉매를 액화시키는 압축기는 자연적으로 작동하지 않으므로 전기 에너지를 사용한다. 결국 냉장고를 가동하면 냉장실이 낮은 온도를 유지하는 만큼 전기 에너지가 소모되고, 냉장고 밖의 실내 공기 온도가 올라간다.

에어컨의 작동 원리도 냉장고와 완벽하게 동일하다. 실내 공간 자체를 커다란 냉장실로, 건물 밖을 냉장고 뒷면으로 사용하는 개념이다. 따라서 실내 온도를 낮게 유지하려면 열에너지를 건물 외부로 퍼날라야 하는데 이 작업을 하는 것이 실외기다. 에어컨의 실제 핵심은 실외기에서 일어나는 냉매의 기화와 액화, 그리고 이 과정에서 일어나는 실내에서 실외로의 열 이동이다.

따라서 에어컨의 성능은 실내에 있는 에어컨 본체가 아닌 건물 밖이나 건물 귀퉁이에 설치된 실외기가 좌우한다. 에어컨을 가동하면 전기세가 유독 많이 나오는 이유는 쉽게 말해 너무나 큰 냉장고를 가동하는 셈이기 때문이다.

지금까지 내용을 정리해 보자. 중요한 것은 열의 이동 원인, 이동 방향, 이동 결과다. 자연적으로 열은 항상 온도가 높은 계에서 온도가 낮은 계로 이동하고 반대로는 이동하지 않는다. 즉 온도는 열 이동의 출발점과 도착점을 나타내며 열 이동의 기준이다. 열의 이동은 두 물체의 온도가 같아질 때까지 진행되며, 이 모든 열거래가 일어나는 원인은 열에너지의 양 차이 때문이다.

열의 이동 원인: **열에너지 차**

열 이동 방향: 에너지가 **많은** 계(온도↑) → 에너지가 **적은** 계(온도↓)

※ 이와 반대 방향으로 열이 이동하려면 '일'이 필요하며, 자연적으로는 일어나지 않는다.

열 이동의 시작: **온도 차**

⇩

열 이동의 끝: **열평형**

에너지는 얼마나 이동했을까

열량(Q)

열은 높은 온도의 물체에서 낮은 온도의 물체로 두 물체의 온도가 같아질 때까지 이동한다. 이때 이동하는 에너지의 양을 명확히 할 필요가 있다. 이럴 때 필요한 것이 바로 수치화다.

열량(Q)은 '이동한 에너지의 양'을 줄여 표현한 것으로 말 그대로 열의 양이다. 예를 들어 가스비를 부과할 때는 정확하게 가스를 쓴 양만큼만 부과해야 한다. 이때 가스의 역할은 결국 열에너지의 전달이므로 가스비는 곧 열에너지 사용 금액이다. 앞서 28쪽에서 우리나라 도시가스 요금 부과 체계를 세계적인 추세에 맞춰 부피에서 열량으로 변경했다는 것이 이러한 사실을 뒷받침해 준다.

열에너지는 눈에 보이지 않기 때문에 직접적으로 양을 측정할 수 없다. 그러나 열량 측정은 생각보다 어렵지 않다. 이동하는 열로 인해 발생한 변화에 초점을 맞추면 된다. 즉 한 물질을 선정해서 열을 가할 때마다 올라가는 온도를 근거로 열량 기준을 정하면 된다.

이 열량 기준을 정하는 콘테스트에서 당당히 선발된 물질은 다름 아닌 '물'이다. 물 1kg을 가열해서 1℃가 올라갈 때까지 들어간 열에너지를 1kcal로 정했다. 각각 물(1kcal/kg·℃→1)[8], 질량(1kg→1), 온도 변화(1℃→1)가 기준이다. 이렇게 정함으로써 물의 온도 변화를 통해 들어오거나 나간 열량을 계산할 수 있다.

일상에서는 열량의 단위로 kcal(킬로칼로리)나 cal(칼로리)를 사용하지만, 물리학에서는 에너지 단위인 J(줄)을 사용한다. 칼로리 단위가 일상에서 사용되는 대표적인 예가 식품 영양 표시다. 식품에 500kcal란 표시가 있다면, 이 음식을 먹었을 때 우리 몸에 500의 에너지가 들어와 생명 활동에 사용할 수 있다는 것을 의미한다.

생명 활동에 필요한 에너지를 제공하거나 생리 작용을 조절하는 물질이 바로 영양소다. 이 중에서 에너지를 제공하는 것이 3대 영양소인 탄수화물, 단백질, 지방이다. 영양소를 화학 분해(소화)할 때 탄수화물과 단백질은 1g당 4kcal, 지방은 1g당 9kcal의 에너지를 우리 몸에 제공한다. 이것은 해당 영양소로 이루어진 음식물 덩어리를 실제로 태워보고 이때 발생하는 열로 물을 데워서 알아낸 것이다.

물의 온도를 올리는 데 필요한 열량은 이미 기준을 마련했으므로 물의 온도가 얼마나 변화했는지만 측정하면 음식물에서 발생하는 열량을 알 수 있다. 식품 영양 표시에 나온 열량은 이러한 정보를 바탕으

---

8 물(1)은 비열로, 이는 뒤에서 자세히 다룬다. 숫자 1은 기준을 의미한다. 따라서 비열의 기준 물질은 물이다.

로 음식물 영양소의 양에 열량을 곱해서 단순 계산으로 알아낸다. 따라서 이제는 매번 음식물을 태울 필요가 없다.

우리가 에너지를 만드는 법

여기서 잠시 생물체가 살아가기 위해 에너지를 만들어내는 과정을 살펴보자. 생명 활동에 필요한 에너지 생성은 몸속 모든 세포에서 일어난다. 세포가 에너지를 만들려면 두 가지 주된 재료가 필요한데 첫 번째가 영양소, 두 번째가 산소다. 첫 번째 재료인 영양소는 음식물을 먹어서 얻는다. 먹은 음식물은 소화기관을 이동하는 동안 영양소의 기본 단위까지 분해되어 소장에서 흡수된다. 그 뒤 혈액에 실려 온몸의 세포에 배달된다.

두 번째 재료인 산소는 호흡을 통해 폐에 공기를 가득 담아두면 마찬가지로 혈액이 산소를 가져다가 세포에 배달한다. 세포들은 자기 자리에서 혈액이 가져다준 두 재료를 손쉽게 전달받는다. 이제 세포가 할 일은 영양소와 산소를 결합하는 산화 작용이다. 이 반응은 화학반응 중 '이화 작용'에 해당하며 고분자를 저분자로 분해한다. 이때 에너지가 발생하는 것이다.

갑자기 어려운 용어가 나왔지만, 이화 작용이란 단순히 큰 것을 작게 쪼개는 화학적 분해를 의미한다. 반대로 작은 것들을 합성해서 큰 덩어리로 만드는 화학 변화는 동화 작용이라고 한다. 이화 작용이 일어나면 외부로 에너지가 방출되고, 동화 작용은 에너지가 내부로 투입되어야만 일어난다. 쉽게 비유하면 이화 작용은 폭탄을 분해하는 과정으로 이때 폭탄에 들어 있던 에너지가 외부로 방출되는 것이다. 반대로 동화 작용은 폭탄을 만드는 과정으로 에너지와 다른 재료를 함께 넣어 폭탄을 제조하는 것과 같다.

생물체에서 일어나는 이화 작용을 세포호흡이라고 한다. 세포호흡의 결과로 이산화 탄소(CO_2), 물(H_2O)과 같은 노폐물이 만들어지는데 이 노폐물은 탄수화물, 지방, 단백질의 공통 구성 원소인 탄소(C), 수소(H)와 또 다른 재료인 산소(O)가 결합한 결과물이다. 이들을 수거하는 것 역시 혈액이다. 혈액은 세포호흡에 필요한 재료를 배달할 뿐만 아니라 세포호흡의 결과로 발생하는 노폐물도 수거해서 배설 기관으로 배달한다.

이 중 기체 상태인 이산화 탄소는 폐로 배달되어 날숨을 통해 몸 밖으로 배출되고, 물은 콩팥에서 걸러진 후 오줌으로 배설된다. 이것이 우리 몸에서 일어나는 물질대사라고 불리는 생명 활동이다.

이와 달리 식물은 광합성이라는 아주 특별한 동화 작용을 한다. 말 그대로 빛에너지를 이용해 에너지를 합성하는 것이다. 이산화 탄소와 물을 기본 재료로 여기에 빛에너지를 버무려 고분자 물질인 포도당

($C_6H_{12}O_6$)을 생성한다. 또한 식물도 동물처럼 늘 세포호흡을 하고 있다. 이렇게 놓고 보면 동물과 식물은 서로의 생성물(노폐물)을 각자의 화학반응 재료로 사용하는 환상의 궁합을 자랑하는 듯하다.

광합성: $6CO_2 + 6H_2O \rightarrow C_6H_{12}O_6 + 6O_2$ (동화 작용) (흡수)빛에너지

세포호흡: $C_6H_{12}O_6 + 6O_2 \rightarrow 6CO_2 + 6H_2O$ (이화 작용) 열에너지(방출)

세포호흡 과정을 보다 보니 초등학교 때 배웠던 연소의 조건이 떠오른다. 연소에 필요한 것은 태울 물질, 산소, 발화점 이상의 온도 세 가지다. 세포가 에너지를 발생시키는 화학반응은 결국 연소와 다를 것이 없다. 태울 물질은 영양소, 산소는 산소, 발화점 이상의 온도는 체온이 되는 것이다. 즉 세포호흡은 생체 세포가 주관하는 연소 반응이고, 일반 연소와의 차이는 반응이 일어나는 온도와 반응 속도뿐이다.

		세포호흡	연소
공통점		산화 반응, 발열 반응, 물과 이산화 탄소 생성	
차이점	온도	체온(37℃) 범위	보통 100~500℃ (태울 물질마다 다름)
	반응 속도	느림	매우 빠름
	에너지	여러 단계를 걸쳐 적은 양의 에너지 방출	한 번에 많은 양의 에너지 방출

세포호흡을 통해 만들어진 에너지는 체온 유지에 가장 많이 쓰인다. 즉 열에너지로의 전환이 가장 많다는 것이다. 체온 유지가 중요한 이유는 인체에서 일어나는 모든 화학반응과 인체 장기가 체온 범위(37℃)에서만 정상적으로 일어나거나 작동하기 때문이다.

그래서 고열이나 심각한 저체온이 장시간 유지되면 심폐 기능이 저하되거나 정지되어 생명이 위독해진다. 추운 곳에서 조난당한 사람들이 잠들었다가 사망하는 사고를 들어본 적이 있을 것이다. 음식을 먹지 못해 세포호흡이 제대로 되지 않아 에너지를 만들지 못하는 상황에서 인체의 열에너지는 외부의 찬 공기와 열평형이 될 때까지 계속 밖으로 빠져나간다. 이러한 상황에서 인체는 체온을 높이기 위해 몸 쪽으로 혈류를 집중하므로 뇌로 가는 혈액이 줄어들어 잠이 오거나 정신을 잃는 것이다.

이렇듯 우리 몸은 세포를 이용해서 에너지를 계속 만들어내야 한다. 따라서 살려면 끊임없이 먹고 끊임없이 호흡해야 한다. 그리고 이들을 배달할 혈액도 계속 움직여야 하기 때문에 잠시라도 심장이 멈춰서는 안 된다. 세포호흡을 하기 위한 두 가지 재료 중 영양소는 저장이 가능하다. 따라서 현재 사용하는 에너지보다 많은 양의 영양소가 들어오면 몸은 1g당 가장 효율이 높은 지방(9kcal)으로 몸에 비축해 둔다. 살이 찌는 이유가 바로 이것 때문이다.

살이 찌는 현실이 매우 괴롭겠지만, 이는 생명 유지를 위한 진화의 결과다. 호흡은 특별한 경우가 아닌 이상 언제나 할 수 있지만 음식물은 언제나 구할 수 있는 것이 아니기 때문이다. 영양소의 저장 능력 덕분에 사람은 비상시 저장해 놓은 영양소를 재료로 세포호흡을 이어 갈 수 있으므로 며칠 정도 굶어도 생존이 가능하다.

굶으면 비축해 둔 지방을 에너지원으로 사용하기 때문에 살이 빠진다. 이와 달리 산소는 비축할 수 없기 때문에 호흡을 하지 못하면 불과 몇 분 안에 사망하게 된다. 만약 에너지 자체를 저장할 수 있는 배터리 같은 장치가 인체에 있었다면 마음껏 먹어도 살찌지 않고 호흡 없이도 한참을 살 수 있어 인간의 삶은 지금과 전혀 다른 방식으로 전개되었을지도 모른다.

열량 이야기를 하면서 물질대사를 자세하게 다룬 이유는 앞으로 공부할 열기관(엔진)의 작동 원리를 이해하는 데 이보다 좋은 예가 없기 때문이다. 열기관과 엔진의 핵심 동력원인 열에너지는 각각 석탄과 석유를 연소시켜 얻을 수 있다.

석탄과 석유 역시 탄소 화합물이고 탄소(C)와 수소(H)로 구성되어 있기 때문에 산소와 화학반응해서 에너지를 만들고 노폐물로 이산화 탄소와 물, 기타 물질이 생성된다. 즉 생명체가 에너지를 만들어내는 물질대사 과정과 엔진의 작동 과정은 완전히 똑같다. 석탄과 석유가 탄소(C), 수소(H) 원자로 이루어져 있는 이유는 석탄과 석유의 재료가 지질시대에 퇴적되어 변성된 동식물이기 때문이다.

여기서 짚고 넘어갈 것이 하나 있다. 동력을 사용하는 기계의 핵심 부품인 엔진을 사람의 심장에 많이 비유하곤 한다. 그러나 실제 인체에서 엔진에 해당하는 것은 심장이 아니라 에너지를 만드는 모든 세포다. 즉 세포 하나하나가 전부 작은 엔진인 것이다.

각 세포가 만드는 작은 에너지들이 모여 사람을 작동시키는 큰 에너지가 되듯이, 열기관 속 수많은 기체 분자의 압력이 모여 이루어진 큰 힘이 피스톤을 밀어 거대한 기계를 움직일 수 있는 에너지를 전달한다고 이해하면 된다.(31쪽 그림 참고)

열은 어디서 얼마나 이동할까

열용량(C)

　가열로 인한 물질의 온도 변화는 결국 열의 이동량인 열량(Q)에 비례한다. 즉 열량이 커질수록 물질의 온도 변화($\triangle T$)도 커진다.

열량 ∝ 온도 변화

$$Q \propto \triangle T$$

　항상 하던 대로 기호 '∝'를 '='로 변경하려 한다. 이때 필요한 것이 비례 상수(보정 값)라고 했다. 비례 상수로 C를 넣어 표현하면 열량에 관한 공식이 완성된다.

열량 = 열용량 × 온도 변화

$$Q = C \triangle T$$

이때 비례 상수 C는 어떤 의미일까? 가열의 대상은 물 이외에도 너무나 다양하다. 따라서 비례 상수 C는 '물질'에 관련되어 있다는 것을 알 수 있다.

또한 같은 물질이라고 해도 물질의 양에 따라 같은 온도 변화가 발생하기까지 열의 투입량이 달라질 것이다. 예를 들어 라면 1개를 조리할 물을 끓일 때 들어가는 열량과 라면 10개를 조리할 물을 끓일 때 들어가는 열량은 당연히 다르다. 결론적으로 비례 상수 C는 열량을 가하는 대상과 그 대상의 양까지, 이 둘을 모두 아우르는 개념이다. 이를 열용량(heat capacity)이라고 한다. 따라서 열용량 C는 단순 상수가 아니라 물질 자체와 질량에 따라 달라지는 엄연한 물리량이다.

열용량에서 용량(capacity)이라는 용어 때문에 마치 물체가 열에너지를 담아두는 능력이 따로 있는 것처럼 느껴지지만, 실제로 물체가 열을 흡수하는 한계는 없다. 설령 상태가 변해서 녹거나 증발할지언정 열의 이동은 두 계 사이에 온도 차이가 있는 한 계속된다.

비열(c)

열용량은 물질뿐만 아니라 물질의 양까지를 모두 포함한다. 특히 물질의 양은 이미 질량(m)이라는 물리량이 버젓이 있는 만큼, 이제 질량을 사용해서 열용량을 더욱 구체화할 수 있다. 즉 물질 자체와 물질의 양을 각각 분리해서 나타내는 것이다. 이때 물질 자체는 비열(c)이라는 개념으로 나타낸다. 그러면 열용량 C는 다음과 같다.

열용량 = 비열 × 질량

$$C = cm$$

실제로 비열은 '어떤 물질 1kg(g)의 온도를 1℃ 높이는 데 필요한 열량'으로 정의한다. 열량의 정의였던 물(1), 질량(1), 온도 변화(1)에서 물(1)만 빠졌다. 왜냐하면 물로만 한정 짓는 것이 아닌 다양한 물질의 열적 특성을 숫자로 나타낸 것이기 때문이다.

$$비열(c) = \frac{열량(Q)}{질량(m) \times 온도\ 변화(\triangle T)}$$

그러나 비열을 이렇게 공식으로 접근하는 것은 추천하지 않는다. 비열은 '물질마다 다른 열적 특성'이며 이를 단지 수치화한 것이 전부이기 때문이다. 같은 열량이 이동했을 때 온도 변화가 잘 일어나지 않는 물질을 '비열이 크다'라고 하고, 온도 변화가 쉽게 일어나는 물질을 '비열이 작다'라고 한다. 이것만 기억하면 된다.

더 쉽게 기억하기 위해 예를 들자면, 똑같은 상황이 발생했을 때 감정 기복 없이 침착한 사람이 있는 반면 쉽게 화를 내는 사람도 있다. 특히 침착하고 감정 기복이 적은 사람은 그릇이 큰(비열이 큰) 사람이라고 비유하곤 한다. 자존감이 높고 자신의 주관이 뚜렷하기 때문에 남의 말이나 외부 자극에 잘 휘둘리지 않는 사람은 감정 변화에 대한 저항 능력이 크다. 이에 반해 다혈질이나 감정 기복이 심한 사람은 그릇이 작다(비열이 작다)고 비유된다. 자존감이 낮고 주관이 뚜렷하지 않아 감정 변화에 대한 저항 능력이 현저히 낮기 때문이다.

무언가를 담을 수 있는 그릇으로 사람을 비유한 것처럼, 열용량도 이런 의미로 용어를 정의하지 않았나 추측할 수 있다. 이처럼 일상에서의 다양한 비유는 비교적 너그럽게 허용되지만, 과학에서의 비유는 대상과 조금이라도 이질적인 요소가 있으면 바로 지적을 받는다.

만약 위의 예를 보고 "어떻게 사람을 그릇에 비유할 수 있어? 사람과 그릇은 엄연히 다른데!"라고 진지하게 이야기하는 사람이 있다면 누가 봐도 문학 쪽 소양보다는 과학적 소양이 풍부한 사람이라고 생각하면 된다.

열용량도 비슷한 맥락으로 열역학에서 항상 지적되는 용어인데, 비유적 의미로 생각하면 충분히 이해되는 부분도 있다. 과학에서는 용어에 대한 설명과 오류에 대한 설명을 함께 해서 본질에 보다 가깝게 도달하도록 안내하는 친절함이 꼭 필요하다.

비열 기준으로 물의 비열값은 1이다. 재미있게도 다른 물질들은 대부분 물보다 비열이 작다. 인류는 물질마다 다른 비열 차이를 유용하게 활용해 왔다. 금속은 비열이 작아서 급격한 온도 변화가 필요한 곳에 사용된다.

예를 들어 프라이팬이나 고기를 굽는 철판은 가열 즉시 급격히 뜨거워지므로 음식을 빠르게 조리할 수 있다. 반면 바닥 난방은 비열이 큰 물이 사용된다. 보일러로 가열한 물은 데워지기까지 시간이 많이 걸리지만, 식는 데도 시간이 오래 걸리기 때문에 오랫동안 훈훈함이 유지된다. 만약 바닥 난방에 물이 아닌 철을 사용해서 가열하면 어떻게 될까? 어떤 상황이 펼쳐질지는 상상해 보길 바란다.

비열이 큰 물은 냉각에도 유용하게 쓰인다. 특히 엔진을 식히는 데 사용되는 물을 냉각수라고 한다. 만약 엔진 냉각에 비열이 작은 물질을 사용하면 뜨거운 엔진과 열평형에 도달하는 시간이 짧아 냉각 기능을 지속하지 못한다. 실제로 자동차 엔진 냉각수는 순수한 물뿐만 아니라 부동액을 일정 비율로 섞어 사용한다. 그 이유는 물은 0℃에서 얼기 때문이다. 물이 얼어서 얼음이 되면 커지는 부피가 문제가 된다. 즉 언 물이 이동관 및 내부 관들을 터트리므로 한겨울 영하의 온도에도 잘 얼지 않는 부동액을 섞는 것이다.

이렇다 보니 마치 비열이 큰 물질이 좋고 비열이 작은 물질은 나쁜 것처럼 보일 수 있는데, 이는 좋고 나쁘고의 문제가 아니다. 비열은 물질마다 다른 열적 개성일 뿐이며 우리는 이러한 개성을 적재적소에 잘 활용하면 된다. 물에 오래 삶은 수육 요리가 철판에 빨리 익히는 구이 요리보다 항상 맛있거나 맛없다고 할 수 없는 것과 같다.

열량 표현 이해하기

이제 열량을 좀 더 정교하게 표현할 수 있게 되었다. 하지만 앞서 말한 대로 열량을 구하는 식이란 결국 가스비 계산식일 뿐이다.

열량＝비열×질량×온도 변화

음식을 가열해서 익힐 때 들어가는 ①가스의 양은 ②어떤 재료를 ③몇 인분 ④얼마만큼 익히느냐에 따라 결정된다. 즉 잘 안 익는 재료 ($c\uparrow$)를, 많이($m\uparrow$), 그리고 완전히 익힐($\triangle T\uparrow$) 때가 조리에 투입할 열량($Q\uparrow$)이 가장 많다. 반대로 쉽게 익는 재료($c\downarrow$)를 아주 조금($m\downarrow$) 넣고 살짝 익히는 데($\triangle T\downarrow$) 들어가는 열량($Q\downarrow$)은 적을 수밖에 없다.

결국 비열(c)은 메뉴의 종류를 열적 특성으로 구분한 것이고, 질량(m)은 몇 인분이냐는 것이다. 마지막으로 온도 변화($\triangle T$)는 레어, 미디엄, 웰던 등의 굽기 정도를 나타낸다고 볼 수 있다. 이 세 가지 요인에 따라 해당 요리를 완성하는 데 들어가는 가스의 양이 달라질 것이다. 이것이 바로 열량(Q)이다.

② 메뉴 종류　④ 굽기 정도

$$Q = cm\triangle T$$

① 들어간 가스의 양　③ 몇 인분

여기서 주인공을 열량이 아닌 비열로 바꿔 식으로 나타내 보자.

$$c = \frac{Q}{m\triangle T}$$

앞서 비열을 공식으로 접근하는 것을 추천하지 않는다고 했다. 그 이유는 열량으로 먼저 접근하면 비열뿐만 아니라 다른 요소들(질량이나 온도 변화)까지도 쉽게 이해할 수 있기 때문이다. 군이 비열을 주인공으로 나타내서 어려운 공식을 늘릴 필요가 있을까?

다시 강조하지만 비열은 단순히 '물질의 열적 특성'으로 열적 관점에서 보는 물질의 종류일 뿐이다. 다만 이를 열적으로 구분해서 나타낸 것에 지나지 않는다. 이렇게 단순하고 당연한 것을 정의하려다 보니 '어떤 물질 1kg(g)의 온도를 1℃ 높이는 데 필요한 열량'과 같이 누가 봐도 단번에 이해하기 어렵게 표현되는 것이다.

비열은 열의 관성이다

뉴턴의 운동 제2법칙을 잠시 소환해 보자. 뉴턴의 운동 제2법칙은 '물체에 힘(F)을 가하면 변화(a)가 생긴다'가 핵심이다. 가해진 힘이 클수록 변화도 크게 일어나므로 힘과 가속도는 서로 비례한다. 이때 둘 사이의 비례 상수에 해당하는 것이 질량(m)이다.

$$F \propto a \to F = ma$$

여기서 질량은 물체의 고유한 성질, 즉 관성의 크기를 결정한다. 모든 물체는 변화에 저항하려는 성질인 관성을 보인다. 질량이 큰 물체일수록 관성도 크므로 운동 상태를 변화시키기 어렵다.

이제 열량을 소환해 보자. 물체에 열(Q)을 가하면 온도 변화($\triangle T$)가 생긴다. 열과 온도 변화 사이의 비례 상수에 해당하는 것이 열용량(C)인데, 열용량은 비열(c)과 질량(m)으로 구체화할 수 있었다.

$$Q \propto \triangle T \rightarrow Q = cm\triangle T$$

물질의 비열이 클수록 온도 변화는 작다. 여기서 '변화에 대한 저항'이라는 것 때문에 관성이 떠오른다. 비열은 열과 온도 변화에 저항하는 성질이라고 볼 수 있으므로 결국 비열은 열적 관성이라고 볼 수 있다.

관성 크기
$$F = ma$$
원인(힘)　　　결과(가속도)

열적 관성 크기 　 관성 크기
$$Q = cm\triangle T$$
원인(열량)　　　결과(온도 변화)

문제 1

주전자 안의 뜨거운 90℃ 물을 질량이 0.5kg이고 내부 부피가 0.2L인 유리컵에 가득 따랐다. 유리컵의 처음 온도가 30℃였다면, 물의 온도는 얼마가 되겠는가? (단, 외부와의 열 이동은 없고 유리의 비열은 0.2kcal/kg.℃)

열량 관련 문제에서 고려할 사항들을 하나씩 살펴보자.

첫째, 열량의 구성 요인은 ①열량(Q), ②비열(c), ③질량(m), ④온도 변화($\triangle T$)이므로 4가지 중 어느 것이라도 문제의 대상이 될 수 있다.

둘째, ④$\triangle T$는 온도가 아니라 온도 '변화'임을 주의한다. 현재 재산이 50만 원인데 일을 해서 최종 재산이 80만 원이 되었다고 하면, 일을 해서 번 돈은 50만 원도 80만 원도 아닌 30만 원이다.(80만 원−50만 원=30만 원) 열량과 온도의 관계는 제공된 열량(Q)에 의해 온도가 얼마나 변했는지가 중요하다.

셋째, 온도 T는 섭씨온도가 아닌 절대온도이다. 그러나 섭씨온도 형태로 문제가 주어지더라도 굳이 절대온도로 변환해서 계산할 필요는 없다. 어차피 온도의 차이를 구할 것이기 때문이다. 만약 열량을 가해 어떤 물질의 온도 변화가 10℃에서 30℃가 된 상황을 예로 들어보자. 여기에 각각 273을 더해 절대온도로 나타내면 283K과 303K이 된다. 이제 두 온도의 차이를 구하면 20K으로 섭씨온도의 온도 차 20℃와 숫자 크기가 똑같다. 어차피 273은 처음 온도나 나중 온도나 공통적인 사항이므로 차이를 계산할 때는 의미가 없다.

넷째, 비열 '1'인 물을 이용한다. 앞서 영양소의 열량을 계산할 때도 결국 기준 물질인 물의 온도 변화를 통해 영양소의 1g당 발생 열량을 측정했다. 즉 모르는 물체 또는 물질의 열적 정보를 구하는 과정에서는 물이 필수적으로 등장한다.

다섯째, 결국 열량 문제를 해결하는 실마리는 '거래' 관계다. A와 B가 서로 돈거래를 할 때 A가 B에게 5만 원을 줬다고 하면, B가 A에게 받은 금액은 물을 필요도 없이 당연히 5만 원이다. 주고받은 금액이 서로 똑같다는 것은 열량에서도 동일하게 적용된다. '단, 외부와의 열 이동은 없다. 혹은 무시한다.'라는 단서가 붙는 이유가 바로 이것 때문이다. 만약 C라는 제삼자가 거래에 개입하면 A가 5만 원을 줬다고 해도 받는 대상이 하나가 아니기 때문에 B가 반드시 5만 원을 받았다고 할 수 없다. 따라서 외부와의 열 이동이 없다는 전제는 단 둘 사이의 거래로만 상황을 단순화해서 문제를 접근하라는 뜻이다. 이제 본격적으로 문제를 해결해 보자.

90℃의 뜨거운 물이 찬 유리컵에 담기면 열은 물에서 유리컵으로 이동한다. 이때 주고받는 열량이 똑같다는 것이 첫 번째 주안점이다. 그리고 문제가 요구한 물의 최종 온도를 T라고 하면 이는 곧 유리컵의 최종 온도이기도 하다. 열평형이 되기 때문이다. 이것이 두 번째다. 마지막은 물의 비열이 1이라는 것이다.

① 우선 물이 유리컵에 준 열량을 계산해 보자. 열은 높은 온도에서 낮은 온도로 이동하므로 결국 물은 식을 것이다. 따라서 물이 유

리컵에 준 열량 때문에 떨어진 온도 변화는 $90-T$가 된다.

② 이때 유리컵이 받은 열량에 의한 온도 변화는 유리컵의 최종 온도 T에서 처음 온도 30을 뺀 값 $T-30$이 된다. 그러면 서로 주고받은 열량이 같으므로 $90-T=T-30$을 계산해 $T=60℃$가 정답이라고 생각할 수 있다.

③ 그러나 온도 변화만을 곧바로 적용할 수 있는 경우는 같은 물질, 같은 질량일 경우에만 가능하다. 현재는 물질(물 vs 유리)뿐만 아니라 질량(?kg vs 0.5kg)도 서로 다르기 때문에 물질의 질적 특성과 양적 특성을 모두 적용해야 한다.

④ 문제에 물의 비열은 1, 유리의 비열은 0.2로 제시되어 있다. 남은 것은 질량인데, 유리컵은 0.5kg으로 주어져 있어서 문제가 없지만 물의 질량이 주어지지 않았다.

⑤ 물의 질량을 구하는 방법으로 밀도를 이용한다. 유리컵에 담긴 물의 부피가 0.2L이므로 물의 밀도 1을 적용하면 물의 질량은 0.2kg임을 알 수 있다.($1=\dfrac{?}{0.2L}$)

⑥ 물(1) 0.2kg에서 유리컵으로 열량(Q)가 나가서 온도가 낮아져 최종 $T℃$가 된다.

$$1\times0.2\times(90-T)=Q \text{ (물에서 나간 열량)}$$

⑦ 유리컵(0.2) 0.5kg으로 열량(Q)이 들어와서 온도가 올라가 최종 $T℃$가 된다.

$$(\text{유리컵으로 들어온 열량}) \; Q=0.2\times0.5\times(T-30)$$

⑧ 주고받은 두 열량은 같다.

$$1 \times 0.2 \times (90-T) = 0.2 \times 0.5 \times (T-30)$$
$$\therefore \ T = 70\,\text{℃}$$

문제 2

0.4kg의 금속을 물에 넣은 후 물이 끓을 때까지 가열하였다. 금속을 꺼내서 20℃, 0.2kg의 물이 든 열량계 속에 넣었다. 충분한 시간이 지난 후 열량계의 속 물의 온도가 50℃가 되었다면, 이 금속의 비열은? (단, 외부와의 열 출입은 없다.)

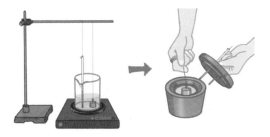

만약 열량 계측기가 있어 인덕션이 제공하는 열량이 수치로 보인다면 상황을 이렇게 복잡하게 만들 필요가 없다. 목적은 금속의 비열을 구하는 것이지만, 주고받은 열량의 값을 직접 알 수 없기 때문에 두 단계의 과정을 만든 것이며 모든 과정에서 기준을 잡아줄 물이 사용된다. 즉 ❶인덕션으로 물과 금속을 가열, ❷뜨거워진 금속으로 새로운 물을 가열, 이렇게 총 두 번의 물의 온도 변화를 이용할 것이다.

① 인덕션으로 물과 금속을 가열한다. 이때 물이 끓기 때문에 물의 온도는 100℃이며 이곳에 담긴 금속 역시 열평형이 되어 100℃ 상태를 유지한다. 현재 금속으로 들어온 열량은 모르지만, 이 때문에 금속의 온도는 100℃임을 알 수 있다.

② 이제 100℃의 금속이 새로운 물에 들어가 열을 제공한다. 따라서 20℃의 물이 50℃가 되었다. 50℃는 열을 준 금속의 열평형 온도이기도 하다. 즉 금속이 얼만큼의 열량을 줬는지는 모르지만, 그로 인해 물의 온도는 30℃가 올라갔으며 금속은 50℃(100℃ -50℃=50℃)가 떨어졌다. 따라서 0.4kg인 금속(c)이 새로운 물에 전달한 열량을 계산할 수 있다.

$$c \times 0.4 \times (100-50) = Q \text{ (금속에서 나간 열량)}$$

③ 이 열량을 받은 0.2kg의 새로운 물(1)은 온도가 30℃ 올라갔다.

$$\text{(물로 들어온 열량) } Q = 1 \times 0.2 \times (50-20)$$

④ 금속과 물이 서로 거래한 열량이 같으므로 $c \times 0.4 \times 50 = 1 \times 0.2 \times 30 \rightarrow c = 0.3$이 된다. 따라서 금속의 비열은 0.3이다.

기체의 비열(c_v, c_p)

지금까지는 서로 다른 물질 간 비열을 알아봤다. 이제부터는 한 기체 내에서 두 종류의 비열을 살펴볼 것이다. 하나는 기체의 부피가 일정할 때 비열, 다른 하나는 기체의 압력이 일정할 때의 비열이다. 이것을 각각 등적비열(c_v), 등압비열(c_p)이라고 한다.

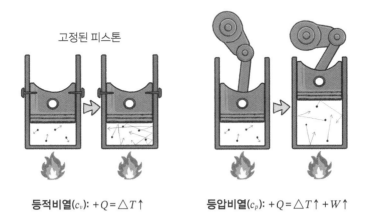

고정된 피스톤

등적비열(c_v): $+Q = \triangle T\uparrow$　　　등압비열(c_p): $+Q = \triangle T\uparrow + W\uparrow$

※ $+Q$는 기체로 열이 들어옴을 의미한다.

등적비열은 부피가 변하지 않는 용기에 기체를 가두고 열을 가한 후 온도 변화를 통해 비열을 구한다. 이때 가해진 열은 모두 기체 분자의 운동 에너지로 전환되므로 기체의 내부 에너지 증가, 즉 온도 변화에 전부 사용된다.

반면에 등압비열은 부피가 변할 수 있는 용기에 기체를 가두고 열을 가했을 때의 비열이다. 가해준 열이 기체의 내부 에너지로 전환되어 온도가 올라가면 분자들의 용기벽 충돌 횟수가 늘기 때문에 압력이 증가해야 한다. 그런데도 압력이 일정하다는 것은 동시에 부피도 같이 커졌음을 의미한다.(샤를 법칙. 56쪽 참고) 즉 기체는 증가된 내부 에너지 중 일부를 피스톤을 밀어내는 일에 사용한다.

따라서 똑같은 열량을 가한 경우 등적 상태의 기체보다 등압 상태의 기체의 온도가 덜 증가한다. 반대로 말하면 같은 온도를 만들기 위해서는 등적 상태의 기체보다 등압 상태의 기체가 더 많은 열량이 필요하다. 이렇듯 기체는 온도에 따라 팽창에 의한 일을 할 수 있기 때문에 갇힌 환경에 따라 두 가지 비열을 갖는 것이다. 결과적으로는 온도 변화가 어려운 등압비열이 언제나 등적비열보다 값이 큰데, 이 둘의 차이는 곧 팽창에 사용되는 열량을 의미한다.

$c_p - c_v$: 팽창에 사용된 열량

예를 들어 부피 팽창이 불가능한 용기 안의 기체에 100만큼의 온도 변화를 준다고 가정해 보자. 이때 들어간 열량이 100이라면, 부피 팽창이 가능한 실린더 안의 동일한 기체는 같은 온도 변화까지 100 이상의 열량이 들어가야 한다. 만약 이때 들어간 열량이 120이었다면 이 둘의 열량 차인 20은 기체 팽창에 사용된 열량으로, 기체가 일을 하는 데 필요한 에너지인 것이다. 따라서 $c_p - c_v$ 값은 특정 기체의 분자량이나 기체 특성에 따라 값이 달라진다. 이를 특정 기체 상수(R. specific gas constant)라고 한다.

$$R = c_p - c_v$$

이상기체 상태 방정식($PV = nRT$)에서도 기체 상수로 R을 사용했다. 이는 일반 기체 상수(R. universal gas constant)로 특정 기체 상수와 구분할 필요가 있을 때만 '일반'이라는 이름을 따로 붙인다. 일반 기체 상수는 다양한 기체에 대한 평균적 상수로 값이 변하지 않는다.

이 두 기체 상수를 모두 R로 표기하니 열역학을 처음 공부하는 사람은 둘의 차이를 구분하기 쉽지 않다. 이러한 점이 열역학을 더욱 이해하기 어렵게 한다.

거시적으로 보다가 갑자기 미시적으로 보고, 한 기체를 보다가 두 기체를 비교하고, 이상기체를 다루다가 현실 기체를 다루고, 기체 종류와 관계없는 특징을 설명하다가 갑자기 기체마다 다른 성질을 설명하는 등 불친절하기 그지없다. 하지만 여기서 강조하고 싶은 점은 '불친절하다'이지 '어렵다'가 아니라는 것이다.

특별한 이야기 없이 일정한 값의 기체 상수가 나온다면 일반 기체 상수로 보면 되고, 특정 기체 상수가 등장하면 이 값이 클수록 일을 잘하는 기체라고만 생각해도 충분하다. 실제로 여러 종류의 현실 기체 중에서 일을 잘하는 기체를 파악하기 위한 물리량을 따로 만들었다. 이를 비열비(κ)라고 한다.

$$\kappa = \frac{c_p}{c_v}$$

이 역시 전혀 특별할 것이 없다. 어차피 $c_p > c_v$이고, $c_p - c_v$값 차이가 클수록 열팽창이 더 큰 기체이므로 받은 열량을 일하는 데 더 많이 사용한다. 즉 일을 잘하는 기체다. 여러분은 등압비열과 등적비열의 차인 특정 기체 상수나 이 둘의 비율인 비열비를 계산할 필요가 전혀 없으니 걱정하지 말자. 이미 우리 선배들이 기체 종류별로 이를 계산해 놨을 것이기 때문이다. 만약 현실 기체를 이용해 일을 시키고 싶다면 이 값을 보고 어떤 기체를 고용할 것인지만 선택하면 된다.

1. 열 이동

① 열 이동의 원인: 에너지 차

② 열 이동의 시작: 온도 차

③ 열 이동의 끝: 열평형

2. 열량(Q)의 의미

→ 사용한 가스비(가스량) 계산

② 메뉴 종류 ⟍　　⟋ ④ 굽기 정도

$$Q = cm\triangle T$$

① 들어간 가스의 양 ⟋　　⟍ ③ 몇 인분

3. 열량(Q), 열용량(C), 비열(c)

$$Q = cm\triangle T$$

(열량)

$$C = cm = \frac{Q}{\triangle T} \qquad \rightleftarrows \qquad c = \frac{Q}{m\triangle T}$$

(열용량) 　　　 (m) 　　　 (비열)

4. 비열(c)의 의미

→ **열적 관성**　　열적 관성 크기 ⟍　⟋ 관성 크기

$$Q = cm\triangle T$$

원인(열량) ⟋　　⟍ 결과(온도 변화)

5. 등적비열(c_v), 등압비열(c_p)

① 등적비열(c_v): $+Q = \triangle T\uparrow$

② 등압비열(c_p): $+Q = \triangle T\uparrow + W\uparrow$

4장

열역학
법칙이란
무엇일까

화학과 물리학의 서로 다른 씨언

부피가 팽창하지 않는 용기에 기체를 담고 열량을 가하면 모든 열량은 기체 내부 에너지 증가에 쓰인다. 그러나 실린더처럼 부피 변화가 가능한 용기에 기체를 넣고 열량을 가하면 기체는 내부 에너지도 증가할 뿐 아니라 피스톤을 밀어내는 일도 하게 된다. 기체는 자신의 내부 에너지를 써서 일하기 때문에 반대로 피스톤에 의해 밀려 일을 받는다면 오히려 내부 에너지가 증가한다. 따라서 기체는 열과 일을 받으면 내부 에너지가 증가해 온도가 올라간다.

기체의 내부 에너지 증가량 = 열량 + 일

$$\triangle U = Q + W$$

·U : 처음 내부 에너지 (기체 분자 에너지 총합)

·$\triangle U$: 열(Q)과 일(W)을 받아 증가한 내부 에너지

·$U+\triangle U$: 현재 내부 에너지

그런데 여기서 심각한 혼란을 야기하는 문제가 발생한다. 기체의 내부 에너지 변화를 $\triangle U=Q-W$로도 표현하기 때문이다. 실제로 두 표현이 모두 사용된다. $\triangle U=Q+W$은 화학, $\triangle U=Q-W$은 물리학에서 쓰는 기체 내부 에너지 표현이다. 이 두 표현이 오늘날까지도 하나로 통일되지 않은 이유는 관심의 대상이 서로 다르기 때문이다.

화학에서는 내부 에너지($\triangle U$)를 기체 입장에서 열($+Q$)과 일($+W$)을 받은 것으로 전제하고 출발한다. 기체의 상태가 주된 관심사이기 때문이다. 그러나 물리학(열역학) 쪽은 손을 비벼 열을 만드는 것이 아니라 손에 열을 가해 손을 비비게 만드는 것, 즉 열을 일로 변환시키는 것이 핵심 연구 주제이며 기체는 대리인일 뿐이다. 따라서 기체가 지금 어떤 상태인지보다 어떻게 하면 기체를 효율적으로 부려 먹을지가 중요하다.

그래서 기체의 내부 에너지 변화를 화학과 달리 기체가 열($+Q$)을 받아 내부 에너지가 증가($+\triangle U$)하고 이 내부 에너지의 일부를 써서 기체가 일($-W$)을 한 상황, 즉 외부가 일을 받은($+W$) 것을 전제로 출발한다.

$$\triangle U = Q - W$$

결국 두 식은 열(Q)과 내부 에너지 변화($\triangle U$)는 똑같고 오로지 일의 부호($\pm W$)만 반대다. 하나는 기체가 일을 받는 것으로, 다른 하나는 기체가 일을 하는 것으로 상황을 다르게 설정하고 이에 따른 결과를 유도했기 때문이다. 이러한 혼란을 정리하려면 기준을 확실하게 해

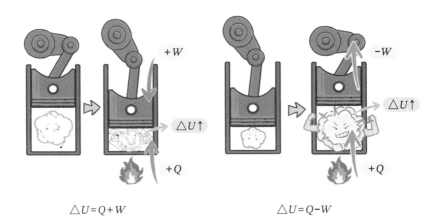

$$\triangle U = Q + W \qquad\qquad \triangle U = Q - W$$

야 한다. 특정 대상이 있을 때 대상 안으로 들어오는 것은 (+), 나가는 것은 (-)로 표기한다는 것이 핵심이다.

물건을 사기 위해 마트에서 계좌이체로 5만 원짜리 물건을 사는 경우 통장에는 -5만 원, 마트 전표에는 +5만 원이 찍힌다. 이처럼 부호는 통장에서 마트 전표로의 돈의 흐름, 다시 말해 '방향'을 나타낸다.

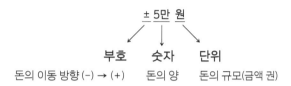

정리하면, 화학은 기체 기준으로 열(+Q)과 일(+W)을 둘 다 받는 것으로, ($\triangle U = Q + W$) 이에 반해 물리학은 기체가 열(+Q)은 받지만 일은 외부가 받는 것(+W)으로 기체의 내부 에너지를 정의한다. 즉 기체 입장에서는 들어온 일(+Q)과 나간 일(-W)을 합친 것이다.($\triangle U = Q - W$) 결국 기체 내부 에너지 변화를 기체 기준으로 '열과 일의 합(덧셈)'으로 본다는 것은 양쪽 모두 같다.

이쯤에서 이 책 맨 처음에 설명한 에너지 보존 법칙의 비유, 즉 '용돈의 이동을 우주로까지 확장하기'가 떠올랐다면 정확하게 이 문제를 파악한 것이다. 화학은 철저하게 기체 입장에서 생각해 오로지 열과 일을 받는 것으로 기체의 내부 에너지를 정의한다. 반면 물리학은 시스템을 확장해서 기체가 받았다는 것은 곧 외부 입장에서 기체에 준 것이므로 이를 포함해서 전체 시스템의 에너지 변화로 기체의 내부 에너지를 정의한 것이다.

그러므로 $\triangle U = Q-W$에서 (−)를 뺄셈이 아니라 방향으로 접근하면 모든 문제가 해결된다. 즉 화학은 기체로 들어오는 열과 일로($\triangle U = Q+W$), 물리학은 기체에 들어오는 열과 외부로 나가는 일로($\triangle U = Q-W$) 기체의 현재 상태를 자신들이 설정한 기준에 맞게 적용한 것이다. 어떤 관점으로 표현하든 결국 기체가 용돈을 받은 사실만큼은 변하지 않는다.

'그래도 부호가 다른데 어떻게 똑같은 식이 될 수 있나?'라는 수학적 고정관념에 막혀 의문이 남는다면, 서로 같은 상황을 각각 달라 보이는 식에 그대로 대입해서 결과를 비교해 보자.

기체가 100의 열을 받고 20만큼 일을 해서 피스톤을 밀어낸 경우 기체의 내부 에너지 변화량은 어떻게 될까?('용돈 100을 받고 20을 쓴 경우 현재 남은 돈은?'과 똑같은 질문이다.)

화학의 내부 에너지 정의		물리학의 내부 에너지 정의
열: +100 (기체 기준: 들어옴) 일: −20 (기체 기준: 나감)	관점 = ≠	열: +100 (기체 기준: 들어옴) 일: +20 (외부 기준: 들어옴)
$\triangle U = Q+W$ +80 = +100 + (−20) ⇩	과정	$\triangle U = Q-W$ +80 = +100 − (+20) ⇩
내부 에너지 변화: +80 (기체 기준: 증가)	결과 =	내부 에너지 변화: +80 (기체 기준: 증가)

지금까지 과정을 살펴보니 물리학의 내부 에너지 정의가 훨씬 불편하다. 왜 하필 일에서만 외부를 기준으로 해서 혼란을 주는 걸까? 그러나 열기관과 열기관의 작동 원리를 설명하는 열역학 과정을 나타내는 데는 물리학의 관점이 더 편리하다. 왜냐하면 물리학의 관점이 바로 열역학 1법칙 그 자체이기 때문이다.

$$\triangle U = Q - W = \ \rightarrow \ Q = \triangle U + W$$

$$\therefore \ Q = \triangle U + W \cdots \text{ 열역학 1법칙}$$

(※87쪽 $T = \triangle U \cdots$ ①, $T = PV \cdots$ ②를 단순히 합쳐 한 줄로 나타내면
열역학 1법칙이 된다는 설명이 바로 이것이다.)

열역학 1법칙

열역학 1법칙은 에너지 보존 법칙이다. 열량(Q), 내부 에너지($\triangle U$), 일(W) 모두 에너지이기 때문이다. 열량은 말 그대로 이동하는 열에너지 그 자체이고, 내부 에너지는 기체의 분자 운동 에너지의 총합이다. 따라서 에너지를 주고 뺏는 행위인 일만 기체에 적용할 수 있는 형태로 바꿔주면 '에너지＝에너지＋에너지'로 오롯이 에너지 간의 관계가 완성된다.

일은 힘×이동 거리($W=F \times s$)로 정의된다. 즉 질량(m)이 있는 물체를 이용해 힘을 공간적으로 누적시키는 것이다. 이 행위에 의해 물체는 일을 받은 만큼 운동 에너지가 증가하거나 감소한다. 운동 에너지를 가진 물체는 자신의 운동 에너지를 이용해서 다른 물체에 또 다른 일을 할 수 있다. 결국 일과 에너지는 서로 전환 관계다.

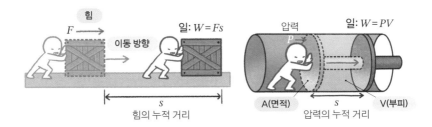

이제 일의 주체를 물체에서 기체로 바꿔보자. 단순히 힘 대신 압력으로, 이동 거리 대신 부피로 '기체 표현'으로 바꿔주면 된다.

$$W = F \times s \rightarrow (P \times A) \times s \rightarrow P \times (A \times s) \rightarrow P \times V$$

드디어 기체 버전의 열역학 1법칙이 완성되었다.

$$Q = \triangle U + P \triangle V$$

① ② ③

열역학 1법칙의 의미는 기체에 ①열량을 가하면 기체의 ②내부에너지가 증가하고, 내부 에너지 중 일부를 사용해서 기체가 ③일을 할 수 있음을 의미한다. 앞서 열은 가지고 있을 수 없다고 했다. 즉 추가되거나 빠져나가는 열에 의해 내부 에너지와 일이 변하기 때문에 내부 에너지와 일 앞에 각각 변화량을 나타내는 △(델타)가 붙은 것이다.

따라서 기체가 본래 갖고 있는 내부 에너지의 양은 이 식으로는 알 수 없다. 단지 열에 의해 내부 에너지와 일이 변한다는 것과 이들의 양은 보존된다는 것만 알 수 있을 뿐이다.

만약 실린더에 가둔 기체에 100의 열을 가했는데 기체의 내부 에너지가 70만큼 증가했다면, 이 기체는 30의 일을 했다는 뜻이다. (100=70+30) 여기서 기체가 한 일인 $P\triangle V$를 주목해 보자. 어디서 많이 본 것 같다면 아주 잘 따라온 것이다. 바로 이상기체 상태 방정식($PV=nRT$)이다.

여기서 몰수(n)와 기체 상수(R)를 무시하면 결국 기체의 일은 온도(T)로 나타낼 수 있고, 기체의 내부 에너지($\triangle U$)와 열량(Q) 역시 온도(T) 지표이므로 다시 한번 열역학 1법칙 구성 요소들 사이에 단순 덧셈, 뺄셈이 가능함을 알 수 있다.(87쪽 $T=\triangle U \cdots$ ①, $T=PV \cdots$ ②)

앞으로 다룰 열역학 과정과 이상적인 열기관인 카르노 기관을 쉽게 이해하기 위해 이 책에서는 열역학 1법칙을 다음과 같이 비유로 표현하겠다.

기체 ⇨ 사람

열량($+Q$) ⇨ 먹은 양

내부 에너지 증가량($+\triangle U$) ⇨ 살찐 양

기체가 한 일의 양($+P\triangle V$) ⇨ 운동한 양

앞선 예를 여기에 적용하면 현재 이 사람은 100을 먹고, 30을 운동으로 소모하고, 나머지 70만큼 살이 찐 것이다. 이 관계는 너무도 명확하다. 먹지도 않았는데 살이 찌거나 운동을 하지 않고 먹기만 했는데 살이 빠지는 일은 일어나지 않는다. 먹고 운동하고 남은 만큼 정확히 살이 찐다. 이것이 바로 에너지 보존 법칙인 열역학 1법칙의 진정한 의미다.

에너지의 흐름 이해하기

열역학은 손을 비벼서 열을 내는 것이 아니라 열을 이용해 손을 비비게 만드는 것을 구현하기 위해 출발했다.

열 ⇄ 일

인간은 에너지를 일로 전환하는 과정을 이해하면서 에너지를 제어할 수 있게 되었다. 열에너지를 본격적으로 제어하기 시작한 18세기 산업혁명, 전기 에너지를 제어해 상용화한 19세기, 핵분열 에너지를 제어하기 시작한 20세기…. 앞으로는 핵융합 에너지도 상용화될 것이다.

인류가 본격적으로 에너지를 제어하려 시도한 대상은 '중력 퍼텐셜 에너지'다. 물이 흐르는 곳에 물레방아를 설치해서 중력을 이용해 곡식을 찧어 인간의 노동을 대체한 것이다.

여기서 주의 깊게 살펴봐야 할 것은 두 가지다. 첫째, 에너지 자체

에너지: 100

일(W): 30

일(W): 20

일(W): 15

에너지 흐름

에너지: 35

가 아닌 에너지의 '흐름'이다. 물이 흐르는 원인은 중력이다. 중력 퍼텐셜 에너지가 물을 통해 운동 에너지로 전환되려면 중력에 대해 '장전'이 되어 있어야 하며, 이는 곧 높이 차이를 의미한다.

높이가 아니라 높이 '차'가 중요한 이유는 아무리 높은 지대에 물이 있다 하더라도 아래로 흐르지 않고 고여 있기만 하면 여기서 일을 뽑아낼 수 없기 때문이다. 마치 흐르지 않고 고여 있는 호수에 물레방아를 설치해 봤자 물레방아가 움직이지 않는 것과 같다.

높은 절벽 위에서 생활하라고 하면 너무 무서워서 불가능할 것 같지만, 실제로는 전혀 그렇지 않다. 아무리 높은 절벽 위라 하더라도 절벽 위에서의 생활 자체는 낮은 바닥에서의 생활과 아무런 차이가 없다. 높은 곳에서 느끼는 공포는 아래를 내려다볼 때 비로소 느껴진다. 바닥을 본다는 것은 높이 차이를 확인하는 것으로, 이는 곧 장전된 중력 퍼텐셜 에너지의 양을 가늠하는 것이다. 만약 절벽 밖으로 발을 내디디면 낙하가 시작된다. 중력이 하는 일이 현실화되는 순간이다.

사람은 중력이 하는 일만큼 운동 에너지를 얻고, 바닥에 닿는 순간 지금까지 중력이 일해서 얻은 운동 에너지로 사람이 바닥에 일을 하게 된다. 하지만 이 일은 바닥보다 사람에게 심각한 피해를 준다. 이와 같은 일과 에너지의 전환 관계가 순식간에 인식되어 공포라는 감각으로 다가오는 것이다. 아무리 높이 올라가서 많은 퍼텐셜 에너지가 장전되어 있다 하더라도, 발사가 되지 않는 한 퍼텐셜 에너지는 절대 운동 에너지로 전환되지 않는다.

따라서 일을 뽑아내려면 에너지 자체가 아닌 에너지의 흐름이 중요하다. 전기 에너지도 예외가 아니다. 건전지는 전기 에너지를 가지고 있지만, 전기 회로에 연결하지 않으면 에너지의 흐름을 발생시키지 못하므로 여기서 일을 뽑아낼 수 없다.

중력 퍼텐셜 에너지의 높이 차이처럼 전기 에너지는 (+), (−)의 전위(전압) 차이가 있다. 1.5V 건전지는 1.5V → 0V까지 1.5에 해당하는 에너지 흐름을 만들 수 있다는 뜻이고, 가정에 들어오는 220V 교류 전원은 220V → 0V까지 220의 양에 해당하는 전기 에너지의 흐름을 만들어낸다는 의미다. 열에너지도 마찬가지로 흐르지 않는 열에너지에서 일을 뽑아낼 수는 없다. 따라서 열의 '흐름'이 가장 중요하다.

둘째, 에너지의 흐름이 완성되면 에너지 일부를 일로 전환하는 도구가 필요하다. 물의 흐름에서는 물레방아가 전환 도구다. 건전지가 연결된 전기 회로에서는 전기 저항이 전기 에너지를 일로 전환하는 부품이다. 열에너지에서는 바로 기체가 들어 있는 열기관이 그 역할을 한다. 지금까지의 긴 설명을 두 줄로 정리하면 다음과 같다.

첫째, 에너지의 흐름을 만들자.

둘째, 여기에 에너지를 일로 전환하는 기구를 설치해 일을 뽑아내자.

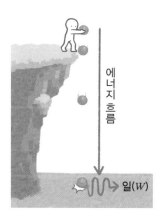

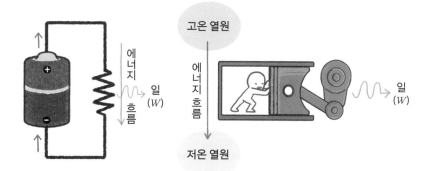

열역학 0법칙

열역학 1법칙이 정립된 후 열에너지를 일로 전환하는 수많은 연구가 활발하게 진행되었다. 특히 효율이 좋은 열기관을 기술적으로 만드는 것이 주된 관심사였다. 이때 근본적인 의문이 고개를 들었다. 과연 무엇이 열에너지의 흐름을 만들어냈느냐는 것이다. 여태껏 명확한 정의도 없이 열에너지를 잘만 이용하고 있었던 셈이다.

중력의 높이 차, 전기력의 전위(전압) 차와 같은 에너지 차이는 열역학에서도 반드시 필요하다. 이것이 바로 온도(T) 차이다. 열에너지는 고온의 물체에서 저온의 물체로 흐른다. 따라서 열에너지를 이용하려면 온도가 다른 두 개의 열원이 반드시 필요하다. 이를 정리한 것이 열역학 0법칙이다. 열역학 0법칙은 열에너지의 흐름의 출발과 끝을 정의한다.

열은 고온에서 저온으로 이동하며 열 이동의 끝은 열평형이다.

열역학 0법칙은 물체(계)의 크기나 상태와는 관계없이 열역학에서의 절대 지표인 온도를 정의한 법칙이다. 즉 온도가 에너지 흐름의 기준이라는 것이다. 열역학 0법칙은 열역학의 가장 근원적인 법칙이지만 이미 1, 2, 3법칙이 정립된 후에야 뒤늦게 중요성이 인정되어 법칙화되다 보니 0법칙이라는 우스꽝스러운 형태가 되었다. 그나마 다행인 것은 아직까지 –1법칙이 발견되지 않았다는 점이다.

'열'이 '열일'하는 곳

열기관(엔진)

손을 비벼 일을 열로 전환하는 것은 즉시 가능하다. 그러나 거꾸로 손에 열을 가해서 손을 비비게 하는 일이 가능하려면 다른 무언가가 더 필요하다. 이를 가능케 하는 주체가 바로 기체이며, 기체가 열을 일로 전환하는 작업장이 열기관(엔진)이다.

열기관은 크게 외연기관과 내연기관으로 나눈다. 이는 열에너지 공급원의 위치에 따라 구분한 것으로 외연기관은 외부에서, 내연기관은 내부에서 연소를 일으켜 열에너지를 공급한다. 외연기관의 대표적인 형태는 '증기기관'으로 수증기의 열에너지를 일로 바꾸는 장치다. 1705년 영국의 토머스 뉴커먼이 발명했고 1769년 제임스 와트가 이를 획기적으로 개선했다.

산업혁명이 영국에서 일어난 이유는 바로 외연기관의 상용화 덕분이다. 가장 흔하게 발견할 수 있는 외연기관 형태는 '뚜껑이 들썩이는 물이 끓는 주전자'로 앞서 소개한 아이러니 기계(25쪽 참고)가 여기

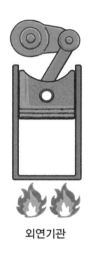

외연기관 　　　　　　　　　　내연기관

에 해당한다.

　반면 오늘날의 엔진에 해당하는 내연기관은 열에너지의 공급을 기관 내부로 끌어들였다. 기관 내부에서 연료를 폭발시켜 발생하는 열에너지를 일로 전환한다. 따라서 연소가 가능한 모든 물질이 열원이 될 수 있는 외연기관과는 달리 내연기관은 폭발이 가능한 폭발성 물질이 열원이 된다. 따라서 연료와 공기의 혼합 비율, 폭발 온도에 의해 엔진의 효율이 결정된다.

　지금부터는 열기관과 엔진을 엄격하게 구분하지 않고 이상적인 조건에서 이론적인 접근으로 열기관의 작동 원리를 이해해 나갈 것이다. 즉 이상기체가 들어 있는 피스톤이 설치된 실린더가 곧 엔진인 것이다. 따라서 일하는 실린더 한 개를 일하는 사람 한 명에 비유할 수 있다. 그러므로 많은 양의 일을 한 번에 할 수 있는 엔진을 설계하고 싶다면 단순히 실린더 개수를 늘리면 된다.

이렇게 보면 실린더 개수가 많을수록 좋은 것 같지만 꼭 그런 것만은 아니다. 실린더마다 모두 연료를 넣어야 하기 때문에 실린더 개수가 늘어날수록 연료도 그만큼 많이 들어간다.(에너지 보존 법칙) 이는 마치 혼자 사는 사람이 식당에서 사용하는 100인용 밥솥을 가지고 있는 것과 같으며, 따라서 사용 용도에 맞는 최적의 엔진을 탑재하는 것이 가장 효율적이다.

중형 이상의 고급 승용차는 기본적으로 다수의 실린더가 장착된 엔진을 사용한다. 가장 큰 이유는 엔진 출력이 높아 힘 있게 주행할 수

있기 때문이다. 또한 실린더가 많을수록 실린더마다 발생하는 서로 다른 진동들이 겹쳐서 특정 진동이 두드러지지 않아 승차감이 좋아진다. 이는 단기통 엔진이 설치된 경운기의 승차감을 떠올리면 쉽게 비교할 수 있다. 덜덜거리는 경운기의 떨림이 바로 피스톤 진동 때문이다.

그러나 실린더 개수를 늘릴수록 엔진의 크기는 커질 수밖에 없다. 따라서 엔진을 탑재할 공간이 비교적 좁은 승용차에는 실린더의 배치를 V자 형태로 배열해 크기를 줄인 엔진이 주로 사용된다. 자동차 엔진에 표기된 V6, V8은 각각 V자로 배열된 실린더가 6개, 8개 설치되어 있다는 것을 의미하며 이를 각각 6기통, 8기통 엔진이라고 한다. 기통은 곧 실린더를 가리킨다.

실제 엔진의 설계 디자인은 사용 용도와 제조 회사에 따라 천차만별이다. 각각 기술 특허를 지닌 다양한 엔진들이 사용되고 있기 때문에 엔진의 표준 모형은 크게 의미가 없다.

V형 6기통 엔진

V형 엔진의 피스톤 배치

열역학 과정 파헤치기 (1)

열기관은 열을 일로 전환하는 기계이고 이를 실현하는 실질적인 실행 주체는 기체다. 따라서 열기관 작동 과정은 이상기체 상태 방정식에 근거한 기체 상황과 에너지 보존 법칙에 근거한 에너지와 일 간의 양적 배분을 결합한 것으로, 이를 정리한 것이 열역학 과정이다. 열역학 과정은 등적 과정, 등온 과정, 단열 과정, 등압 과정으로 총 4가지가 존재한다. 열역학 과정에 들어가기 전에 다음 세 가지 사실을 먼저 확인하자.

첫째, 거시적 분석과 미시적 분석을 모두 활용해 열역학 과정을 이해하자. 4가지 열역학 과정의 핵심 근원은 열역학 1법칙이므로 결국 기체가 먹고, 운동하고 남은 만큼, 살찌는, 어찌 보면 너무도 당연한 에너지 보존 원리에 4가지 극단적인 상황을 파헤치는 것이다. 이렇게 거시적 분석으로 과정의 틀을 세운 뒤 기체 분자를 적용한 미시적 분석을 통해 나머지 세부 요소를 찾아내면 된다. 이처럼 거시적 분석과 미

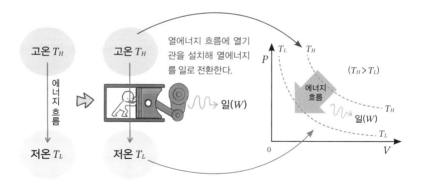

시적 분석을 모두 활용하는 방법을 지금부터 편의상 '자연스러운 해석'이라고 부르겠다.

둘째, 열역학 과정을 나타내는 P-V 그래프에는 고온(T_H)과 저온 (T_L) 2개의 온도 곡선이 동시에 등장한다. 두 그래프를 한 번에 표기하는 이유는 온도 차이가 있어야만 에너지의 '흐름'을 만들 수 있고 여기서 기체가 일을 뽑아낼 수 있기 때문이다.

셋째, 기체가 한 일(W)의 여부는 기체의 부피 변화($\triangle V$)만 확인하면 된다. 일반 물체를 대상으로 한 일의 정의(W=Fs)를 떠올려 보자. 일이 존재하려면 물체를 대상으로 ①힘, 그리고 그 힘이 공간적으로 누적된 ②이동 거리까지 두 가지 요인이 모두 필요하다. 따라서 실질적인 힘이 작용하지 않거나(ΣF=0) 힘이 가해진다고 해도 물체의 이동 거리가 없으면(s=0) 일 자체가 성립할 수 없다.(W=0)

그러나 기체의 압력(P)은 열역학 과정에서 절대 0이 될 수 없다. 기체의 압력이 0이라는 것은 기체 분자가 용기 벽에 충돌하는 횟수가 없다는 뜻으로 이는 곧 기체가 없다는 것과 같다. 열기관 속의 기체가 어떻게 열을 일로 바꾸는지를 확인하는 것이 열역학 과정인데, 기체가 휴가를 떠나서 여기에 없다는 말도 안 되는 가정을 할 필요는 없다.

열역학 과정 파헤치기 (2)

이제 등적 과정, 등온 과정, 단열 과정, 등압 과정까지 4가지 열역학 과정을 분석해 보자. 앞서 밝힌 대로 열역학 과정은 기체가 취할 수 있는 다양한 상황 속에서 가장 극단적인 4가지 상황을 나타낸다. 이 열역학 과정은 지금까지 쌓아온 열역학적 지식을 활용하면 쉽게 이끌어낼 수 있다. 단, 절대 그래프로 먼저 접근하지는 말자. 그래프는 개념을 먼저 이해한 뒤 이를 확인하는 용도로 사용하는 것이 좋다.

등적 (가열) 과정

등적 과정은 말 그대로 부피가 변하지 않는 상황($\triangle V=0$)을 말한다. 따라서 기체는 일을 하지 않는다.($W=0$) 이는 ①음식을 먹고, ③운동(일)을 전혀 하지 않는 극단적 상황이다. 이때 기체에는 어떤 변화가 일어날까? ①먹은 음식이 100% ②살로 가는 최악의 상황이 벌어질 것이다. 여기서 살이 찐다는 것은 내부 에너지가 증가하는 것을 의미하므로 결국 기체의 온도가 상승한다. 이것이 '자연스러운 해석'의 1단계다.

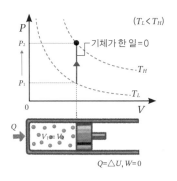

1단계

등적 과정의 열기관 속 기체는 부피 변화가 없으므로($\triangle V=0$) 피스톤을 밀어내는 일을 하지 않으며 ($W=0$) 기체가 받은 열량($+Q$)은 전부 기체의 내부 에너지($Q=\triangle U$)로 전환되어 온도가 올라간다.($T\uparrow$) 여기까지 기체의 압력(P)을 제외한 모든 요소 분석을 마쳤다.

$$Q=\triangle U+P\triangle V$$
$$①\qquad②\qquad③$$
$$\Downarrow$$
$$\triangle V=0 \rightarrow W=0 \ \therefore +Q=\triangle U\uparrow$$

$$+Q=\triangle U\uparrow +P(?)\triangle V$$

※기체 입장에서 열에너지가 들어오므로 열량을 '+'로 표시했다.

2단계

이제 기체의 압력이 어떻게 될지만 확정하면 등적 과정이 완성된다. 여기서부터가 '자연스러운 해석'의 2단계로 기체 분자의 관점, 즉 미시적 관점으로 현재 상황을 분석한다. 열에너지를 받아 내부 에너지가 증가했으니 기체 분자들이 난동을 부리는 정도가 처음보다 훨씬 심해질 것이다. 기체가 갇혀 있는 공간의 부피 변화가 없으니 실린더 안 기체 분자의 충돌 횟수는 당연히 처음보다 증가할 것이다. 따라서 압력이 증가한다는 결론을 내릴 수 있다.($P\uparrow$)

$$+Q = \triangle U\uparrow + P\uparrow \cancel{\triangle V}$$

$$+Q = \triangle U\uparrow (\because \text{등적 가열}) \, (\text{단}, P\uparrow)$$

그래프 해석

등적 가열 과정을 완벽하게 분석해서 식으로 나타냈다. 등적 가열 과정의 그래프를 보면 기체는 일을 하지 않으며($\triangle V = 0$) 온도 증가($T_L \to T_H$)와 함께 압력도 증가($P_1 \to P_2$)하는 것이 고스란히 나타나 있다.

여기서 한 가지 짚고 넘어갈 것이 있다. 모든 열역학적 과정은 가열($+Q$)과 냉각($-Q$)의 두 가지 과정이 모두 존재한다. 등적 냉각 과정은 등적 가열 과정과 정반대다. 즉 등적 가열 과정이 기체가 ①음식을 먹고 ③운동을 전혀 하지 않아 ②먹은 음식이 100% 살로 가는 과정이었다면, 등적 냉각 과정은 ③운동을 전혀 하지 않아 운동 자체가 아무런 영향을 미치지 않는 상황에서 ①먹은 음식물을 토한 만큼 ②살이 빠지는 것으로 비유할 수 있다.

$$-Q = \triangle U\downarrow + P(?)\cancel{\triangle V}$$

※기체 입장에서 열에너지가 나가므로 열량을 '-'로 표시했다.

이제 기체의 압력만 결정하면 된다. 내부 에너지가 감소해서 온도가 낮아졌으니 기체 분자의 난동 정도는 줄었을 것이다. 그런데 부피 변화가 없으므로 당연히 실린더 벽에 충돌하는 횟수가 줄어들어 압력이 감소한다.

$$-Q = \triangle U\downarrow + P\downarrow \triangle\!\!\!/\,\vec{V}$$

$$-Q = \triangle U\downarrow \,(\therefore \textbf{등적 냉각}) \,(\text{단}, P\downarrow)$$

하지만 냉각 과정은 등적 냉각을 끝으로 다른 열역학 과정에서는 다루지 않겠다. 그 이유는 모든 냉각 과정은 가열 과정을 정반대로만 적용하면 되기 때문이다. 따라서 가열 과정을 제대로 이해하는 것이 우선이다. 특히 가열 과정은 먹고, 운동하고, 살찌는 것으로 일반적인 비유가 가능하지만, 냉각 과정은 먹은 음식물을 토해낸 만큼 살이 빠진다는 거식증 환자의 상황 같은 어려운 비유를 해야 하므로 불편하기도 하다.

등온 과정

등온 과정은 온도가 변하지 않는 상황이다.($\triangle U = 0$) 내부 에너지를 온도로 나타내기 때문에 내부 에너지가 변하지 않는 상황을 '등온 과정'이라 이름 붙인 것이다. 이 과정은 기체가 받은 열에너지를 전부 일에만 소모하는 또 다른 극단적 상황이다. 음식을 먹으면 살이 찐다

는 노이로제적 신경증 때문에 먹자마
자 뛰쳐나가 미친 듯이 운동을 하는
경우이기 때문이다. ①먹은 만큼을 전
부 ③운동으로 소모하니 ②살이 찌려
야 찔 수가 없다.

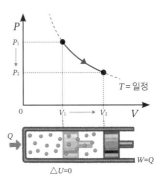

1단계

등온 과정의 열기관 속 기체는 외
부로부터 받은 열량 전부를 일하는 데

$$Q = \triangle U + P \triangle V$$
$$① \quad\quad ② \quad\quad ③$$
$$\Downarrow$$
$$\triangle U = 0 \ \therefore +Q = W\uparrow$$

사용하기 때문에($+Q = W\uparrow$) 내부 에너지 변화가 없다.($\triangle U = 0$) 따라
서 온도 변화가 없으며 기체가 일을 하는 만큼 실린더의 피스톤을 밀
어내므로 기체의 부피가 팽창한다.($\triangle V\uparrow$)

$$+Q = \triangle\!\!\!\!/\,U + P(?)\triangle V\uparrow$$

2단계

기체가 일을 하기 때문에 부피가 팽창한다.($\triangle V\uparrow$) 이 와중에 내
부 에너지는 변화가 없어 기체 분자들의 운동 에너지양은 그대로다.
즉 기체 분자들이 난동을 피우는 정도는 변함없고 공간만 늘어났으니
기체 분자의 충돌 횟수는 줄어들 수밖에 없다. 따라서 압력이 감소한
다.($P\downarrow$)

$$+Q = \cancel{\triangle U} + P\downarrow \triangle V\uparrow$$

$$+Q = P\downarrow \triangle V\uparrow \ (\therefore \textbf{등온 팽창})$$

그래프 해석

등온 과정의 그래프를 보면 기체의 부피 팽창($V_1 \to V_2$)에 의한 압력 감소($P_1 \to P_2$)를 확인할 수 있다. 이는 내부 에너지 변화가 없기 때문이다.($\triangle U = 0$) 따라서 기체의 온도 변화 역시 없다.($\triangle T = 0$) 그러므로 등온 과정은 2개의 다른 온도 곡선이 필요 없다. 결국 등온 과정의 그래프는 보일 법칙 그래프와 똑같다.(51쪽 참고)

단열 과정

단열 과정은 등온 과정보다 더 극단적이다. 아예 기체를 굶긴 상태에서 일을 시키는 과정이기 때문이다. 단열은 열을 차단한다는 것으로 단식과 같은 맥락이다. 이 과정 속 기체는 ①먹지 않고 ③운동을 하기 때문에 운동한 만큼 ②살이 빠지게 된다.

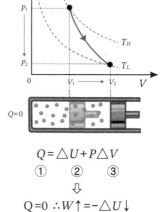

1단계

열량이 공급되지 않은 상태($Q = 0$)에서 기체가 일을 하면($\triangle V\uparrow$) 일을 하

$$Q = \triangle U + P\triangle V$$
$$① \qquad ② \qquad ③$$
$$\Downarrow$$
$$Q = 0 \ \therefore W\uparrow = -\triangle U\downarrow$$

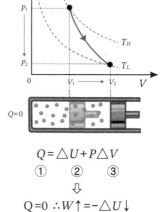

는 만큼 내부 에너지가 줄어든다.($W\uparrow = -\triangle U\downarrow$) 일에는 무조건 에너지가 필요하다. 일은 에너지의 전환 결과물이기 때문이다. 이 때문에 일에 필요한 에너지를 외부로부터 공급받지 못한 기체는 자신이 가지고 있는 내부 에너지를 억지로 사용할 수밖에 없다. 따라서 내부 에너지가 감소하며 그로 인해 온도가 내려간다.($T\downarrow$)

$$0 = \triangle U\downarrow + P(?)\triangle V\uparrow$$

2단계

기체가 일을 하기 때문에 부피는 팽창한다.($\triangle V\uparrow$) 이 와중에 내부 에너지마저 줄어 기체 분자의 운동 에너지가 줄어드니 실린더 벽에 충돌하는 기체 분자의 충돌 횟수는 당연히 떨어지므로 압력이 낮아진다.($P\downarrow$)

$$0 = \triangle U\downarrow + P\downarrow\triangle V\uparrow$$
$$+P\downarrow\triangle V\uparrow = -\triangle U\downarrow \,(\because \text{단열 팽창})$$

그래프 해석

단열 과정의 그래프에는 기체의 부피 팽창($V_1 \rightarrow V_2$)과 압력 감소($P_1 \rightarrow P_2$)뿐 아니라 온도 감소까지($T_H \rightarrow T_L$) 모두 나타나 있다.

여기서 압력은 감소하는데 부피가 증가하는 경우 기체의 일($P\downarrow\triangle$

$V\uparrow$)은 어떻게 판단해야 할까? 이러한 혼란을 막기 위해 앞서 세 번째 확인 사항을 당부한 것이다. 기체의 일은 오로지 부피 변화로만 판단한다. 압력이 줄어든 상태로 부피 팽창을 하면 일은 하되 적은 양의 일을 하게 될 것이고, 반대로 압력이 커진 상태로 부피 팽창을 한다면 더 많은 양의 일을 하게 되는 것뿐이다.

단열 팽창은 열이 차단된 상태에서의 팽창이므로 강제성이 전제된다. 이러한 단열 팽창의 대표적인 예가 구름 생성 과정이다. 지표면 근처의 공기 덩어리가 높은 고도로 상승하면 그곳은 주변에 공기가 희박해 기압이 낮다. 따라서 상승한 공기는 강제로 팽창하게 되는데, 이러한 팽창은 열에너지 공급에 의한 것이 아니므로 단열 팽창이다. 외부로부터 공급받는 열에너지 없이 팽창이 진행되다 보니 공기는 자신의 내부 에너지를 팽창에 사용할 수밖에 없는 처지가 된다.

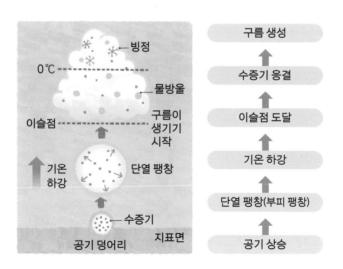

그러면 내부 에너지를 쓰는 만큼 온도는 계속 낮아지고, 결국 기체가 액체로 변하는 상태 변화 온도인 이슬점까지 이르러 물방울이 생성되는데 이것이 구름이다. 즉 구름은 높은 곳에서 액화된 작은 물방울 집단이다.

이제 열평형으로 설명했던 냉장고, 에어컨의 냉각 원리(100쪽)를 더 구체적으로 이해할 수 있다. 액체에서 기체로 냉매가 증발함으로써 열에너지가 이동했던 증발 냉각과 함께, 기체 상태의 냉매가 상태 변화 없이 주변의 열을 더 흡수하는 과정을 추가할 수 있게 된 것이다.

이것이 바로 단열 팽창이다. 팽창 밸브를 통과한 기체 냉매는 부피 팽창으로 압력이 급격히 낮아져 온도가 떨어진다. 냉장실의 실내 공기와 이곳을 지나는 냉매의 온도 차가 더욱 확연해지는 것이다. 따라서 냉장실에서 기체 냉매로의 열 이동이 더욱 활발해진다.

공기의 팽창이라는 요인 때문에 단열 팽창으로 오인되는 대표적인 예가 있다. 손바닥을 입 근처에 가져간 후 입을 크게 벌려 '하~' 하고 입김을 불면 손바닥에 따뜻함이 느껴진다. 그러나 입 모양을 작게 한 채 '호~' 하고 입김을 불면 시원하다.(이때 입술 바로 안쪽에 힘이 들어간다.) 원래 몸속에서 나오는 입김은 체온 범위로 열평형에 도달해 있지만, 입김이 입에서 나오는 형태에 따라

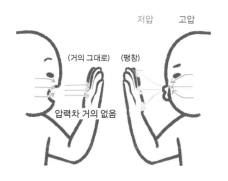

온도가 달라진다.

입안에서 외부로 공기가 이동할 때 입을 크게 벌리면 입안 내부와 바깥 외부와의 압력 차이가 크게 나지 않아 입김은 팽창 없이 나온다. 반면 입 모양을 좁게 한 채로 입김을 불면 입속에서 강한 압력을 받던 기체가 좁은 입 모양을 통과하자마자 상대적으로 약한 외부 기압 때문에 급격하게 팽창하는데 이를 단열 팽창과 동일시하는 것이다. 그러나 이 현상은 입김의 '흐름'을 먼저 고려해야 한다. 즉 흐르는 유체의 특성을 설명하는 동적 유체역학 접근이 필요하다.

베르누이 원리에 따르면 흐르는 유체는 속력이 느릴수록 압력이 높고, 흐름이 빠를수록 압력이 낮다. 또한 연속 방정식에 의하면 같은 시간 동안 유체의 이동량은 같다. 따라서 유체가 통과하는 관이 넓으면 유체가 흐르는 속력이 느리고, 관이 좁으면 유체가 흐르는 속력이 빠르다. 이는 물이 흐르는 호스 입구 일부를 엄지로 막으면 물살이 강해지면서 더 빠르게 나오는 현상으로 확인할 수 있다.

입을 크게 벌리면 입김이 통과할 수 있는 관이 크기 때문에 입김은 천천히 이동한다.(연속 방정식) 따라서 압력 변화가 없고(베르누이 원리) 온도 변화도 없다. 반면 좁은 입을 통과한 입김은 빠르게 이동한다.(연속 방정식) 따라서 압력이 낮아지며(베르누이 원리) 온도 역시 낮아진다.(열역학 과정) 여기에 입안의 습기가 증발하면서 주변의 열을 흡수하는 증발 냉각이 추가된 것이다.

등압 과정

등압 과정은 압력이 변하지 않는 상황($\triangle P=0$)이다. 이 과정은 기체가 ①먹고 ③운동하고 남은 만큼 ②살이 찌는 것으로 앞선 3가지 상황에 비해 지극히 정상적으로 보인다. 그러나 이 역시 극단적인 상황인데, 바로 압력이 일정하다는 특징 때문이다. 압력을 스트레스에 비유하면 적게 먹고 많이 운동해서 살이 적게 찌든 많이 먹고 운동

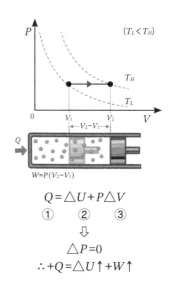

$$Q = \triangle U + P \triangle V$$
$$① \qquad ② \qquad ③$$
$$\Downarrow$$
$$\triangle P = 0$$
$$\therefore +Q = \triangle U\uparrow + W\uparrow$$

을 적게 해서 살이 많이 찌든, 어떤 상황에서도 기체가 받는 스트레스는 변함없는 천하태평 그 자체인 상태다.

1단계

등압 과정의 열기관 속 기체는 외부로부터 받은 열량($+Q$)의 일부를 내부 에너지 증가($\triangle U\uparrow$)에 사용하고 남은 양을 일하는 데 사용한다.($\triangle V\uparrow$) 따라서 기체의 온도와 부피가 함께 증가한다. 또는 받은 열량에서 일을 하고 남은 만큼 내부 에너지가 증가한다고 생각해도 좋다. 이처럼 열역학 1법칙의 적용에는 순서라는 것이 없다. 그래서 '자연스러운 해석'이라는 이름을 붙인 것이다.

2단계

2단계는 원래 마지막으로 남은 압력을 알아내기 위한 과정인데 압력 자체가 일정한 과정이기 때문에 등압 과정은 2단계가 필요 없다.

그러나 이러한 전제 없이 지금까지 해온 방식으로도 압력이 일정하다는 사실을 이끌어낼 수도 있다. 기체가 일을 해서 부피가 증가하고 이때 내부 에너지도 함께 증가해 이 둘의 비율이 처음과 동일하게 유지되는 경우, 실린더 내의 기체 분자의 충돌 횟수는 처음과 동일하게 유지된다. 투입되는 열량이 내부 에너지와 부피 변화에 고르게 분배되는 것이다.

$$+Q = \triangle U \uparrow + P \triangle V \uparrow \ (\because 등압\ 팽창)$$

그래프 해석

온도가 증가하지만$(T_L \rightarrow T_H)$ 기체 분자의 충돌 횟수인 압력은 변하지 않았다.$(\triangle P = 0)$ 그만큼 부피도 함께 증가했기 때문이다.$(V_1 \rightarrow V_2)$

열역학 과정 파헤치기 (3)

열역학 과정을 모아보면 기체가 열에너지를 내부 에너지와 일로 전환하는 과정이 한눈에 들어온다.

	열역학 과정	실질적 내용
①	등적 가열	운동을 전혀 하지 않아 먹은 것이 다 살로 가는 과정 $\triangle V=0 \rightarrow +Q=\triangle U\uparrow$
②	등온 팽창	먹은 만큼 전부 운동해서 살이 전혀 찌지 않는 과정 $\triangle U=0 \rightarrow +Q=W\uparrow$
③	단열 팽창	굶고 운동을 해서 운동한 만큼 살이 빠지는 과정 $Q=0 \rightarrow W\uparrow=-\triangle U\downarrow$
④	등압 팽창	먹고 운동하고 남은 만큼 살찌는 과정 $\triangle P=0 \rightarrow +Q=\triangle U\uparrow+W\uparrow$

극단적 상황이라 칭한 열역학 과정이 총 4개로 구성된 이유를 이제 이해할 수 있다. 열역학 1법칙이 열량(Q), 내부 에너지($\triangle U$), 압력(P), 부피($\triangle V$)의 4가지 요소로 구성되어 있기 때문에 각각의 요인을

한정 짓는 상황이 모두 필요하기 때문이다. 특히 이 중에서 압력과 부피는 일($W=P\triangle V$)로 한 번에 나타낼 수 있다.

이제 열역학 과정을 다른 관점으로 들여다보자. 바로 사업장(실린더)을 운영하는 사장의 입장에서 4명의 아르바이트생(기체)의 고용 문제를 고민해 보는 것이다. 우선 ①등적 가열 기체는 임금을 받고도 전혀 일을 하지 않는다. 즉 받은 임금을 일이 아닌 자신을 살찌우는 데만 사용한다.($+Q=\triangle U\uparrow$)

반면에 ②등온 팽창, ③단열 팽창, ④등압 팽창 기체는 모두 일을 하고 있다. 이 중 ②등온 팽창 기체는 정확하게 임금을 받는 만큼만 일을 한다.($+Q=W\uparrow$) 그리고 ③단열 팽창 기체는 임금을 주지 않아도 일을 한다. 오히려 자신의 돈을 써가면서까지 일하는($-\triangle U\downarrow \rightarrow W\uparrow$) 일 중독자다. 마지막으로 ④등압 팽창 기체는 임금을 받아 일부는 자신을 위해 쓰고, 남은 임금만큼만 일을 하는($+Q=\triangle U\uparrow+W\uparrow$) 기체다.

사장인 우리는 이윤을 극대화하는 방향으로 경영하고 싶다. 그렇다면 어떤 기체를 고용해야 할까? 답은 명확하다. 이제 고용이 결정된 기체들로만 사업장을 운영하면 바로 이상적 열기관인 '카르노 기관'이 완성되는 것이다.

열역학 과정 연습문제

문제 1

그림 (A)는 이상기체가 들어 있는 실린더에 못을 박아 피스톤을 고정한 모습이다. 그림 (B)는 못을 제거하자 이상기체가 팽창하다가 정지한 모습이며, 그림 (C)는 (B)의 상황에서 열량 Q를 추가로 공급했지만 부피 변화가 없다. 이때 이상기체의 압력은 (A)와 (C)에서 같다. (A)와 (C)의 온도를 비교하시오.(단, 실린더와 외부와의 열출입은 없다.)

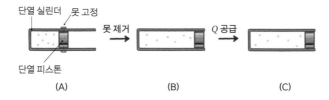

단열 실린더   못 고정

못 제거

Q 공급

단열 피스톤

(A)   (B)   (C)

이 문제는 1초만에 풀 수 있다. 온도를 $T=PV$로 간단하게 나타낼 수 있다는 것을 기억한다면 말이다. (A)와 (C)의 압력이 같다는 조건이 문제에 제시되어 있으므로 기체의 부피가 더 큰 (C)가 온도가 높다.

$$T_{(A)}=P_{(같다)}V\downarrow \ < \ T_{(C)}=P_{(같다)}V\uparrow$$

하지만 공식에 의한 풀이가 아닌 이에 대한 근거를 아는 것이 중요하다. (A)는 좁은 부피의 공간에서, (C)는 넓은 부피의 공간에서 이상기체 분자가 난동을 부리고 있다. 이때 두 기체의 실린더 벽 충돌 횟수가 같다고 한다.($P_A=P_C$) 어떻게 이럴 수 있는가? 바로 (C)가 더 많은 내부 에너지를 갖고 심하게 난동을 부리기 때문이다. 따라서 온도는 $T_{(A)} < T_{(C)}$이다. 이렇게 $T=PV$가 의미하는 바를 이해하자.

그렇다면 이제부터 이 문제에 숨겨진 모든 열역학적 요소를 완벽하게 이끌어내 보자.

- (A)→(B) 과정: 열 투입이 없다.($Q=0$) 그런데 부피는 팽창했으므로($\triangle V\uparrow$) 굶고 일하는 단열 팽창이다.($0=\triangle U(?)+P(?)\triangle V\uparrow$) 일한 만큼 살이 빠지므로 내부 에너지는 감소할 것이고 ($\triangle U\downarrow$) 부피는 늘었는데 내부 에너지는 감소했으니 충돌 횟수는 줄어 압력 역시 감소한다.($P\downarrow$) 이렇게 (A)→(B) 과정을 완벽하게 분석했다.

$$\therefore 0=\triangle U\downarrow +P\downarrow\triangle V\uparrow$$

- (B)→(C) 과정: 열이 이상기체에 공급된다.($+Q$) 그런데 부피 변화가 없다.($\triangle V=0$) 즉 먹은 것이 100% 살로 가는 '등적 과정'인 것이다.($+Q=\triangle U\uparrow +P(?)\cancel{\triangle V}$) 부피 변화는 없는데 내부 에너지가 증가했으니 기체 분자들의 충돌 횟수가 많아져 압력이 증가한다.($P\uparrow$)

$$\therefore +Q=\triangle U\uparrow (단, P\uparrow)$$

이렇게 과정별로 이상기체의 모든 정보를 알아냈다.

그림 (A)와 같이 단열된 피스톤에 의해 이상기체가 (1), (2)로 나뉘어 정지해 있다. 그림 (B)는 (A)에서 기체 (1)에 열량 Q를 가했더니 피스톤이 천천히 이동하다 정지한 상황을 나타낸 것이다.(단, 실린더와 외부와의 열 출입은 없다.)

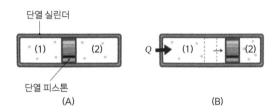

(A)

(B)

이런 형태의 지문에서는 온도, 열량, 부피, 압력, 일 등 모든 요소가 문제화될 수 있다. 따라서 (A)→(B) 과정 속에서 기체 (1), 기체 (2)의 모든 열역학적 요소를 구해보자.

• **기체 (2):** 열 투입이 없다.($Q=0$) 그런데 부피는 감소했으므로 ($\triangle V\downarrow$) 일을 받은 만큼 내부 에너지가 증가한다.($\triangle U\uparrow$) 따라서 기체 (2)는 '단열 압축'되었다.($0=\triangle U\uparrow+P(?)\triangle V\downarrow$) 부피가 줄어든 상태에서 내부 에너지가 증가했으니 기체의 압력은 증가한다.($P\uparrow$)

$$\therefore 0=\triangle U_{(2)}\uparrow+P_{(2)}\uparrow\triangle V_{(2)}\downarrow$$

• **기체 (1):** 열이 기체 (1)에 공급된다.($+Q$) 그리고 부피도 커진다.

($\triangle V \uparrow$) 그러나 여기서 더 진전되는 것이 없다.($+Q=\triangle U(?)+$ $P(?)\triangle V \uparrow$) 자체적으로는 내부 에너지와 압력에 대한 정보가 더 이상 없기 때문이다. 따라서 기체 (2)로 눈을 돌려야 한다. 이것이 핵심이다.

상황 (B)에서 피스톤이 정지해 있는 것을 통해 기체 (1)과 기체 (2)가 가하는 힘은 서로 같아 평형 상태임을 알 수 있다. 만약 힘의 차이가 있다면 피스톤은 계속해서 힘이 약한 쪽으로 이동할 것이기 때문이다.

결국 두 기체가 미는 힘이 같고 힘을 작용하는 피스톤의 면적도 같으므로 상황 (B)에서 두 기체의 압력은 똑같다. 특히 기체 (2)는 압력이 처음보다 높아진 것을($P_{(2)}=P \uparrow$) 구했으므로 기체 (1)에서의 압력도 (2)와 같이 높아진 것을 알 수 있다.($P_{(1)}=P_{(2)}=P \uparrow$) 이렇게 기체 (2)의 상황을 통해 기체 (1)의 압력을 알아냈다. 이제 부피가 늘었는데도 불구하고($\triangle V \uparrow$) 압력이 증가했다($P \uparrow$)는 사실을 통해 기체의 내부 에너지 역시 증가한 것을 알 수 있다.($\triangle U \uparrow$)

$$\therefore +Q=\triangle U_{(1)} \uparrow + P_{(1)} \uparrow \triangle V_{(1)} \uparrow$$

왜 기체 (2)부터 분석했을까? Q, $\triangle U$, P, $\triangle V$의 네 가지 요소 중 분석해야 할 요소가 하나라도 적은 것이 더 간단하기 때문이다. 두 기체의 압력이 모두 증가된 상태로 같다는 것($P_{(1)}=P_{(2)}=P \uparrow$)과 팽창하고 수축된 부피 변화의 크기 역시 같다는 것($\triangle V_{(1)} \uparrow = \triangle V_{(2)} \downarrow$), 즉 밀어낸 만큼 밀려 들어간다는 것을 이용하면 다양한 응용 문제도 쉽게 해결할 수 있을 것이다.

문제 3

그림 (A)는 단열되지 않은 칸막이로 같은 양의 이상기체 (1)과 (2)를 나눈 모습이다. 이때 단열된 피스톤은 정지해 있다. 그림 (B)는 (A)의 상황에서 기체 (1)에 열량 Q를 가했더니 피스톤이 천천히 이동하다 정지한 모습이다. 열량 Q를 열역학적 표현으로 나타내시오.(단, 대기압은 P_0이고 실린더와 외부와의 열 출입은 없다.)

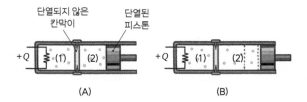

(A)   (B)

기체가 일을 하고 싶어도 고정된 칸막이를 밀어내는 것은 불가능하다. 대신 칸막이는 단열되지 않았으므로 칸막이를 통해 열은 자유롭게 이동이 가능하다. 즉 기체 (1)에 가한 열량 Q는 기체 (1)과 기체 (2)에 나눠 들어간다. 이를 각각 $Q_{(1)}$, $Q_{(2)}$라고 한다면 결국 $Q = Q_{(1)} + Q_{(2)}$로 나타낼 수 있다.

어차피 열량은 기체 (1)과 기체 (2)가 모두 받으므로 부피 변화가 없어 일을 하지 않는 기체 (1)을 먼저 분석하자. 앞서 이야기했듯이 결론을 쉽게 낼 수 있는 것부터 시작하는 것이 문제를 쉽게 해결하는 지름길이다.

- **기체 (1):** 열 $Q_{(1)}$을 받았지만 칸막이에 막혀 부피 팽창이 불가능하다.($\triangle V = 0$) 따라서 먹은 것이 100% 살로 가는 등적 과정이며 받은 열은 100% 내부 에너지 증가에 쓰인다.($\triangle U \uparrow$) 마지막으로 내부 에너지는 증가했는데 부피는 변함없으므로 기체의 압력도 증가한다.($P \uparrow$)

$$\therefore \ +Q_{(1)} = \triangle U_{(1)} \uparrow \ (단, \ P_{(1)} \uparrow)$$

- **기체 (2):** 열 $Q_{(2)}$을 받고 부피가 팽창했으므로 일을 했다.($\triangle V \uparrow$) 이제 압력을 결정해야 하는데, 이 부분을 주의해야 한다. 우선 (A) 상황에서 피스톤이 정지한 이유는 무엇일까? 바로 기체 (2)가 오른쪽으로 피스톤을 밀어내려는 압력과 왼쪽으로 밀고 들어가려는 외부의 대기압(P_0)이 똑같기 때문이다. 그렇다면 (B) 상황은 어떠한가? 처음에는 기체 (2)가 피스톤을 밀어냈지만 결국 현재는 피스톤이 정지해 있다. 즉 초반에는 압력이 커졌지만 결국 기체(B)의 최종 압력은 대기압과 다시 같아진 것이다. (A)→(B) 과정에서 외부의 대기압 변화는 없으므로 기체 (2)의 압력 크기는 (A) 상황과 똑같다. 즉 기체 (2)의 압력은 (A) 상황, (B) 상황 모두 대기압과 같다.($P = P_0$)

이제 마지막이다. 부피가 늘었는데 압력이 변함없다는 것은 내부 에너지도 같은 비율로 증가했음을 의미한다.($\triangle U \uparrow$)

$$\therefore \ + Q_{(2)} = \triangle U_{(2)} \uparrow + P_0 \triangle V_{(2)} \uparrow$$
$$\therefore \ Q = Q_{(1)} + Q_{(2)} = \triangle U_{(1)} \uparrow + \triangle U_{(2)} \uparrow + P_0 \triangle V_{(2)} \uparrow$$

결론적으로 기체에 가한 열량 Q는 기체 (1)과 (2)의 온도를 높이고 기체 (2)가 피스톤을 밀어내는 일에 사용되었다. 사실 너무도 당연한 결과다. 지금까지 기체와 피스톤에 일어난 모든 변화의 원인은 단 하나, 바로 가해준 열이다.

1. 열역학 0법칙(온도와 열평형 정의)

　　→ A(계)와 B(계)가 열평형 상태에 있고 B와 C(계)가
　　　열평형 상태에 있으면, A와 C도 열평형 상태에 있다.

2. 열역학 1법칙(에너지 보존 법칙)

　　→ $Q = \triangle U + W$

3. 4가지 열역학 과정

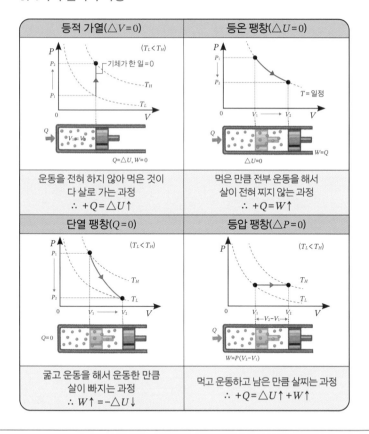

등적 가열($\triangle V = 0$)	등온 팽창($\triangle U = 0$)
운동을 전혀 하지 않아 먹은 것이 다 살로 가는 과정 ∴ $+Q = \triangle U \uparrow$	먹은 만큼 전부 운동을 해서 살이 전혀 찌지 않는 과정 ∴ $+Q = W \uparrow$
단열 팽창($Q = 0$)	등압 팽창($\triangle P = 0$)
굶고 운동을 해서 운동한 만큼 살이 빠지는 과정 ∴ $W \uparrow = -\triangle U \downarrow$	먹고 운동하고 남은 만큼 살찌는 과정 ∴ $+Q = \triangle U \uparrow + W \uparrow$

5장

열기관이란
무엇일까

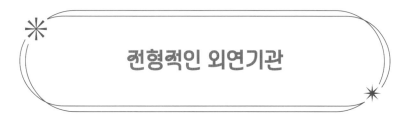

전형적인 외연기관

스털링 기관

이상적인 열기관인 카르노 기관 이전에 로버트 스털링이 개발한 외연기관인 스털링 기관(엔진)의 작동 원리를 먼저 살펴보자. 스털링 엔진은 밀폐된 실린더 안에 기체를 가둬 열을 일로 전환하는 장치로, 지금까지 살펴본 전형적인 열기관의 작동 원리를 그대로 실행해 낸다.

열기관이 작동하려면 반드시 열에너지의 흐름이 필요하다. 따라서 모든 열기관에는 고온부와 저온부가 있다. 스털링 기관에서는 실린

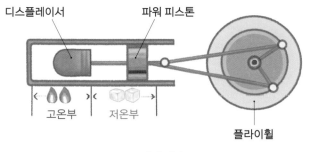

디스플레이서   파워 피스톤

고온부   저온부

플라이휠

스털링 엔진

180

더의 가열하는 부분이 고온부, 여기서 거리상으로 떨어진 부분이 저온부다. 저온부는 가열하는 대신 냉각수를 접촉시켜서 낮은 온도를 유지한다.

한 실린더 안에 고온부와 저온부가 동시에 존재하므로 기체가 고온부와 저온부를 구분해서 위치할 수 있도록 단열재 재질의 피스톤 형태 칸막이가 추가로 설치되어 있다. 이를 디스플레이서라고 한다. 따라서 디스플레이서의 위치에 따라 기체의 위치가 결정된다. 마지막으로 기체가 실제로 밀어낸 일을 하는 파워 피스톤이 있다.

본격적으로 스털링 기관이 열을 일로 전환하는 과정을 이해하기 앞서 디스플레이서 위치에 따른 기체 위치부터 파악해 보자. 디스플레이서는 파워 피스톤과는 달리 크기가 작아 기체가 이동할 수 있는 틈이 있다. 따라서 디스플레이서 위치와 기체의 위치는 반대가 된다. 즉 182쪽 그림의 A와 B 과정에서는 디스플레이서가 저온부 자리를 차지하고 있기 때문에 기체는 고온부에 머무를 수밖에 없다.

반면 디스플레이서가 고온부 자리에 위치한 C와 D 과정에서 기체는 고온부에서 밀려나와 저온부에 자리한다. 따라서 기체는 A, B 과정에서 열에너지를 받으며 C, D 과정에서는 열에너지를 잃는다. 이렇게 디스플레이서에 의해 기체에서의 열에너지 흐름이 만들어진다. 디스플레이서는 파워 피스톤과 동일한 회전축에 90°의 각도 차이를 두고 크랭크로 연결되어 작동한다. 기체가 파워 피스톤을 밀어내면서 축이 움직이면 이때 디스플레이서도 함께 움직이도록 설계된다.

A 과정

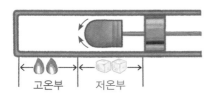

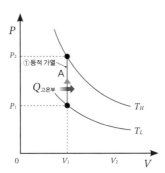

B 과정

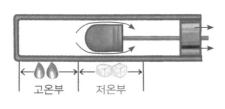

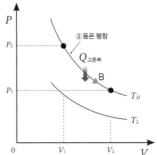

C 과정

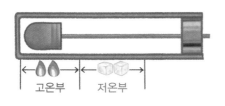

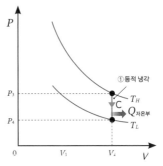

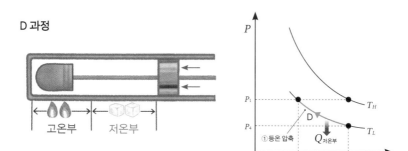

D 과정

A 과정

디스플레이서가 저온부로 이동하면 기체는 고온부에 모인다. 여기서 기체는 가열되기 때문에 내부 에너지가 증가한다. 이 순간은 기체의 온도만 올라가고 부피 팽창은 아직 일어나기 전이다. 즉 ①등적 가열 과정이다. 따라서 기체는 부피 팽창 없이 내부 에너지만 증가했으므로 기체 분자의 충돌 횟수가 늘어 압력도 증가한다.($\triangle V=0 \rightarrow +Q$ $=\triangle U\uparrow, P\uparrow$) 이제 증가된 압력으로 인해 다음 과정에서는 기체 부피가 팽창할 것이다.

B 과정

내부 에너지가 증가되어 압력이 커진 A 과정의 기체는 아직도 고온부에서 가열되고 있다. 결국 추가로 열에너지가 들어오는 만큼 기체는 팽창하고, 급기야 디스플레이서를 넘어와 파워 피스톤을 밀어내는 일을 한다. 부피는 팽창했지만 계속해서 열이 들어오기 때문에 내부 에너지는 떨어지지 않고 유지된다. 즉 B 과정은 ②등온 팽창이다. 내부 에너지가 일정한 상태로 부피가 팽창했기 때문에 기체 분자의 충돌 횟수가 줄어 압력은 감소한다.($\triangle U = 0 \rightarrow +Q = W\uparrow, P\downarrow$)

열기관이 일을 하는 과정은 여기까지다. 기체에 열을 가해 파워 피스톤을 밀어냈기 때문에 열을 일로 전환하는 소기의 목적은 달성한 것이다. 그러나 이렇게만 작동하면 열기관은 일회용이 된다. 딱 한 번 피스톤을 밀어내고 더 이상 움직이지 않기 때문이다.

따라서 열기관이 계속해서 일을 할 수 있도록 처음 상태로 되돌려놔야 한다. 마치 냉장고가 냉장실 온도를 낮출 때 냉매를 팽창시키고 다시 압축하는 과정을 반복해서 열에너지를 계속 퍼내듯이, 열기관 역시 팽창 후 압축하는 과정을 거쳐 다시 일을 할 수 있는 처음 상태로 만들어야 한다.

C 과정

원래대로 되돌아가는 남은 두 과정은 A와 B의 열역학 과정을 순서대로 반복하면 된다. 단지 피스톤이 원래 위치로 돌아가기 때문에 팽창이 아닌 수축 과정이다. 우선 디스플레이서가 고온부로 이동해서 기체를 저온부로 몰아넣는다. 저온부에 놓인 기체는 열에너지를 내보낸다. 따라서 내부 에너지가 줄어 온도가 낮아지고 곧이어 압력 역시 낮아진다. 아직 부피 변화가 없기 때문이다.

이제 압력이 줄었으니 부피가 곧 수축하겠지만, 현재 단계는 딱 여기까지다. 부피 변화가 없으므로 피스톤의 위치도 그대로다. 결국 A

과정과 동일한 등적 과정이며 기체로부터 열에너지가 빠져나가고 있으므로 ①등적 냉각 과정이다.($\triangle V=0 \rightarrow -Q=\triangle U\downarrow, P\downarrow$)

D 과정

압력이 낮아진 기체는 이제 부피 수축을 시작한다. 따라서 밀려난 파워 피스톤도 원래 위치로 되돌아온다. 부피가 줄어드는 만큼 일을 받기 때문에 온도가 올라가야 하지만, 기체는 저온부로 계속 열을 내보내고 있으므로 온도 변화가 없다. 즉 ②등온 압축 과정이다. 온도는 유지되는데 부피가 줄기 때문에 압력은 증가한다.($\triangle U=0 \rightarrow -Q=W\downarrow, P\uparrow$)

C 과정을 통해 온도를 낮추고, 이어서 D 과정을 통해 부피 수축으로 파워 피스톤을 원래 위치로 되돌리는 데 성공했다. 이제 디스플레이서만 저온부로 옮기면 처음 상태로 돌아간다. 그러나 이는 걱정할 필요가 없다. 파워 피스톤과의 90° 위상 차이 때문에 파워 피스톤이 되돌아오면 디스플레이서는 자연스럽게 고온부로 이동하기 때문이다. 드디어 스털링 기관 작동 사이클이 완성되었다.

스털링 기관 한눈에 살펴보기

스털링 기관의 작동 과정을 전부 모으면 다음과 같다.

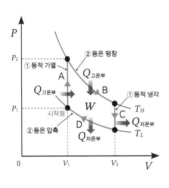

· 사용된 열역학 과정
　① 등적 과정, ② 등온 과정

· 열 흡수 과정: A, B　　(↓ 열 흐름)
· 열 방출 과정: C, D

· 온도 상승 과정: A
· 온도 하강 과정: C

· 일하는(부피 팽창) 과정: B
· 일 받는(부피 수축) 과정: D

한 사이클 동안 기체는 A와 B 두 과정을 통해 열에너지를 흡수한다. 그리고 C와 D 두 과정을 통해 열에너지를 방출한다. (A, B)와 (C, D)로 묶으면 이 두 과정에서 전체적인 열에너지의 흐름이 발생한다. 이때 열기관으로 들어오고 나간 열에너지의 차이는 바로 열기관 속 기체가 열을 일로 전환한 양과 같다.

$$Q_{\text{고온부}} - Q_{\text{저온부}} = \textbf{열이 일로 전환된 양}$$

이 부분이 잘 이해가 되지 않는다면 실제 열량을 적용해 보자. 만약 A 과정에서 [+50], B 과정에서 [+100]의 열을 받았다고 하자. 그후 C 과정에서 [-50], D 과정에서 [-70]의 열을 내보냈다고 하면 전체적으로 열기관이 받은 총열량은 +150(50+100)이고 내보낸 열량은 -120(50+70)이 된다. 150 → 120으로 열 흐름이 생겼는데 중간에 30은 어디로 사라졌을까? 이 30은 바로 열에너지의 흐름 속에서 열기관이 열을 일로 전환한 양이다. 기체가 한 일은 B 과정 한 개뿐이지만, 피스톤을 다시 원래대로 되돌리는 D 과정에서는 기체가 일을 받게 된다. 따라서 열기관이 한 실제 일의 양은 둘의 차이만큼이다.

$$W_B - W_D = \textbf{실제 기체가 한 일의 양}$$

눈으로 볼 때는 피스톤이 밀리는 작동 범위와 일을 받아 제자리로 돌아올 때의 작동 범위가 같다. 따라서 한 일과 받은 일이 같으므로 결국 열기관이 최종적으로 한 일은 0이 아닌가 하는 의구심이 들 수 있다. 하지만 기체가 피스톤을 밀 때는 $P{\uparrow}{\triangle}V$만큼의 일을 하고, 피스톤이 제자리로 올 때는 $P{\downarrow}{\triangle}V$로 더 적은 양의 일을 받기 때문에 결국 받은 일보다 한 일이 더 많다. 따라서 실제 기체가 한 일의 양은 그래프상에서 4개의 그래프가 만드는 내부 면적과 같다.

이 부분도 앞서 적용했던 열량 값을 그대로 적용해서 열역학 1법칙($Q = \triangle U + W$)으로 나타내 보자.

A 과정: 등적 과정이므로 먹은 것(+50)만큼 전부 살찌는 과정이다. 따라서 한 일은 없다.

  (+50) = (+50) + 0

B 과정: 등온 과정이므로 먹은 것(+100)을 전부 일하는 데 사용하기 때문에 살이 전혀 찌지 않는다.

  (+100) = 0 + (+100)

C 과정: 등적 과정이므로 토한 만큼(−50) 살이 빠지는 과정이다. 역시 한 일은 없다.

  (−50) = (−50) + 0

D 과정: 등온 과정이므로 일을 받은 만큼 토하기(−70) 때문에 살이 전혀 찌지 않는다.

  (−70) = 0 + (−70)

열기관은 B 과정에서 +100의 일을 하고 D 과정에서 −70의 일을 받아 결과적으로는 +30의 일을 했다. 앞서 150 → 120의 열 흐름 속에서 열기관이 일로 바꾼 열에너지 30과 직접 계산해서 알아낸 열기관이 한 일 30이 완전히 똑같다는 것을 알 수 있다. 즉 이 열기관은 열 흐름 속에서 퍼낸 30만큼의 열에너지를 30의 일로 전환했다.

A 과정의 내부 에너지 증가량($+50$)과 C 과정의 내부 에너지 감소량(-50)의 크기가 똑같은 이유가 이해되는가? 이는 A 과정의 온도 증가량($T_L \rightarrow T_H$)과 C 과정의 온도 감소량($T_H \rightarrow T_L$)의 크기가 똑같기 때문이다.

결론적으로 마찰력 같은 다른 힘이 일을 하지 않는 상황에서 열기관은 흡수한 열에너지와 열기관 밖으로 흘려버린 열에너지의 차이만큼을 퍼내서 전부 일로 전환한다.

$$Q_{\text{고온부}} - Q_{\text{저온부}} = W_B - W_D \rightarrow \triangle Q = \triangle W$$

$Q_{\text{고온부}} - Q_{\text{저온부}} = W_B - W_D$

$150 - 120 = 100 - 70$

또는

$Q_{\text{고온부}} = Q_{\text{저온부}} + W_{\text{한일}}$

$150 = 120 + 30$

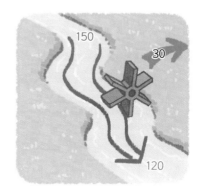

이러한 결과는 먹고($Q_{고온부}$), 토하고($Q_{저온부}$) 남은 양($Q_{고온부}-Q_{저온부}$ $=\triangle Q$)을 전부 일($\triangle W$)로 전환한 것이다. 이를 열역학 1법칙에 적용해 보면 $\triangle Q = 0 + \triangle W$이므로 내부 에너지 변화가 전혀 없어야 한다. 이는 그래프에서 시작점을 보면 증명된다. 4가지 열역학 과정을 마무리하면 결국 다시 시작점에 위치한다.

온도는 $T = PV$로 나타낼 수 있다. 따라서 시작점에서의 온도는 $T = P_1 V_1$, 다시 돌아왔을 때 온도도 $T = P_1 V_1$이므로 한 사이클을 마무리한 뒤의 온도는 똑같다. 즉 수많은 우여곡절을 겪었는데도 다시 처음 자리로 돌아오면 기체의 온도는 동일하므로 내부 에너지 변화가 없는 것이다.

다시 말해 열기관 속 기체는 임금을 받고($Q_{고온부}$), 세금을 내고($Q_{저온부}$) 나서 남은 만큼을 전부 일하는 데 사용했으며($\triangle Q = \triangle W$) 자신이 챙겨가는 것은 아무것도 없다.($\triangle U = 0$) 기체는 결국 수수료 한 푼 없이 일만 해준 것이다. 이런 일이 어떻게 가능할까? 정답은 이상기체이기 때문이다.

실제로도 이러한 결과가 나오려면 열기관 작동이 '준정적 과정'에서 일어나야 한다. 준정적 과정이란 모든 열역학 과정이 매우 천천히 변해서 매 순간을 평형 상태로 간주할 수 있는 이상적인 과정을 말한다. 앞서 스털링 기관의 작동 과정을 분석할 때 현재는 온도만 올라가고 아직 부피가 팽창하기 전이며, 이제 곧 부피 팽창이 일어날 것이라며 순간마다 사진을 찍어 정지시켜 놓은 것처럼 상황을 만들어 분석했다. 이것이 바로 준정적 과정을 적용한 것이다. 이는 일반 역학에서 '단, 마찰력과 공기저항은 무시한다.'와 유사한 것으로 이상적 상황의 열역학 버전이라고 생각하면 된다.

일을 잘하는 열기관을 만들자

열기관의 작동 원리를 이해하면 일을 더 잘하는 열기관을 만들 수 있다. 열기관이 작동하는 전체 과정에서 이상기체는 열에너지를 자신을 위해 쓰지 않는다. 따라서 이상기체를 믿고 더 큰 금액을 맡겨 더 많은 일을 시키면 된다. 핵심은 이상기체를 거치는 열에너지의 흐름이 커져야 한다는 것이다.

$$Q_{고온부} - Q_{저온부} = W_B - W_D \rightarrow \triangle Q = \triangle W$$

따라서 고효율의 열기관을 만들려면 고온부의 온도는 아주 높게, 저온부의 온도는 아주 낮게 유지해서 이 둘의 차이를 가능한 한 크게 벌리면 된다. 그러면 뽑아낼 수 있는 일의 양이 많아진다. 이에 따라 고온부의 온도를 높이기 위해 오늘날의 엔진은 외부에서 가열하지 않고 실린더 내에서 휘발유 등을 폭발시킨다. 이보다 더 높은 온도로 올리는 방법을 고민해 볼 수도 있겠지만, 그러면 엔진의 주물 자체가 고온을 견디지 못해 내구성에 문제가 생길 것이다.(기체에게 돈을 무한대로 맡길 수 없는 것과 같다.)

두 번째로 할 수 있는 방법은 저온부의 온도를 아주 낮게 냉각하는 것이다. 그러나 아주 낮은 온도를 만들고 이를 유지하는 것은 온도를 높게 유지하는 것보다 기술적으로 훨씬 어렵다. 이는 더 많은 자산을 얻기 위해 세금을 줄이는 절세와 비슷한데, 절세가 단순히 돈을 버는 일보다 더 까다로운 것과 같다.

모든 열기관에는 일하는 능력을 나타내는 열효율(e)이라는 지표가 있다. 열효율은 열기관에 공급된 열량(Q_H)에 대해 열기관이 한 일(W)의 비율이다. 에너지를 일로 전환하기 위해서는 에너지의 흐름이 중요하다고 했다. 따라서 열기관의 고온부에서 기체로 전달되는 열량(Q_H)과 기체에서 열기관의 저온부로 나가는 열량(Q_L) 차가 전부 일로 전환되므로 열기관의 열효율은 다음과 같이 나타낼 수 있다.

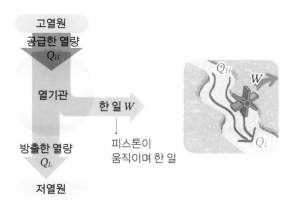

$$\text{열기관의 열효율} = \frac{W}{Q_H} = \frac{Q_H - Q_L}{Q_H} = 1 - \frac{Q_L}{Q_H}$$

열효율 공식은 단지 돈 받은 것에 비해 얼마나 일했는가의 비율일 뿐이다. 따라서 공식 자체가 중요하다기보다는 지금까지 강조했듯이 각 항의 분자인 W와 $Q_H - Q_L$이 같다는 것을 이해하는 것이 중요하다. 이것이 열기관이 전체적으로 열을 일로 전환한 양이며 열기관 작동 원리의 핵심이다.

여기서 또 하나 주목할 점은 아무리 이상적인 열기관이라고 해도 열효율이 100%인 열기관은 불가능하다는 것이다. 열효율이 100%가 되려면 기체가 저열원으로 버리는 열량(Q_L)이 0이어야만 가능하다. 그런데 $Q_L = 0$은 저열원의 존재 자체가 없다는 것을 의미한다. 그러나 알다시피 고열원만 있고 저열원이 없으면 열에너지의 '흐름'이 만들어지지 않으므로 일을 아예 뽑아낼 수 없다. 흐르지 않는 물에 물레방아를 설치하면 물레방아가 돌아가지 않는 것, 건전지의 +극에만 전선을 연결했을 때 전구에 불이 들어오지 않는 것과 같다.

이제 왜 영구기관이 불가능한지 이해가 되는가? 기체에서 저열원으로 버리는 열을 최대한 줄여 엔진의 효율을 높일 수는 있으나 이 자체를 0으로 만들 수는 없기 때문이다. 앞서 기체에 일을 시키기 위해 믿고 맡기는 돈을 열량 Q_H에 비유하고, 어쩔 수 없이 기체에서 나가야 하는 열량 Q_L을 세금에 비유했다. 열기관의 효율을 높이려면 많이 벌고(Q_H), 세금(Q_L)을 줄이는 절세가 필수다. 그러나 영구기관은 세금을 전혀 내지 않는 완전 탈세라는 불가능한 범죄를 저질러야만 가능한 일이다. 납세의 의무를 자연의 법칙에 비유한다면, 탈세는 자연의 법칙을 거스르는 행위인 것이다. 미국 건국의 아버지라고 불리는 벤저민 프랭클린은 이런 말을 남겼다. "인생에서 피할 수 없는 두 가지. 하나는 죽음, 나머지 하나는 세금이다."

열기관의 작동 과정 연습문제

문제 1

그림은 이상적인 열기관이 순환하는 동안 압력과 부피를 나타낸 것이다. 표는 각 과정에서 기체가 흡수하거나 방출한 열량, 기체가 외부에 한 일 또는 외부로부터 받은 일을 나타낸 것이다. 열기관의 열효율을 구하라.

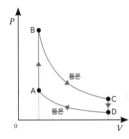

과정	Q	$\triangle U$	W
A→B	120		
B→C			80
C→D			
D→A			40

　　열기관 문제는 한 사이클 동안의 모든 열역학 과정을 알아야만 한다. 따라서 빈칸(197쪽 표의 ①~⑫ 값)을 모두 구할 수 있어야 한다. 또한 한 사이클을 완료했을 때 내부 에너지의 변화가 없다는 것이 중요한 단서가 된다. 이 문제의 경우 A에서 시작해 다시 A로 돌아왔을 때 온도 변화가 없기 때문에 기체의 내부 에너지 변화가 없다.(⑪0) 즉 이상기체는 아무것도 가져가지 않는다. 따라서 열에너지 흐름의 차이만큼이 전부 일로 전환된다.(⑩=⑫)

과정	Q	$\triangle U$	W
A→B	120	①	②
B→C	③	④	80
C→D	⑤	⑥	⑦
D→A	⑧	⑨	40

⇓
세로 풀이

⇒
가로 풀이

↓
⑩

↓
⑪

↓
⑫

이해를 돕기 위해 가로 풀이와 세로 풀이로 나눠 접근해 보겠다. 가로 풀이는 열역학 과정별로 열역학 1법칙을 만족하는 것을 말한다. 반면 세로 풀이는 한 사이클을 돌고 난 뒤 열기관의 전체 열과 일의 관계를 살펴보는 것이다.

☆ 가로 풀이

• A→B: 부피가 변하지 않는 등적 과정으로 온도($T_A = PV \rightarrow T_B$ $= P \uparrow V$)가 올라간 것을 확인할 수 있다. 즉 먹은 것이 100% 살로 가는 과정이다. 따라서 Q가 +120이므로 ①+120, ②0이다.

• B→C: 부피가 커졌으므로 일을 했다.(+80) 등온 과정이므로 살이 찌고 빠지는 일이 없다.(④0) 먹은 만큼 100% 일을 했기 때문에 먹은 양은 ③+80이다.

• C→D: 부피가 변하지 않는다는 것 외에는 어떠한 정보도 없기 때문에 ⑦0이라는 것을 제외하고 ⑤, ⑥ 어느 것도 해결할 수 없다.

물론 A→B 과정과 C→D 과정의 온도 변화가 동일하므로 A→B 과정에서 내부 에너지 변화가 ① +120이라면 C→D 과정에서의 내부 에너지 변화는 ⑥ -120이 된다. 따라서 열에너지 배출량 ⑤ -120으로 구할 수도 있으나 이러한 풀이는 잠시 접어두자.

• D→A: 부피가 줄었으므로 일을 받았다.(-40) 등온 과정이므로 살이 찌거나 빠지는 것 없이 일을 받은 만큼 토해낸다.(⑨0, ⑧ -40)

☆ 세로 풀이

⇓
세로 풀이

과정	Q	$\triangle U$	W
A→B	+120	+120	0
B→C	+80	0	+80
C→D	⑤	⑥	0
D→A	-40	0	-40

↓ ⑩   ↓ ⑪   ↓ ⑫

⇒
가로 풀이

• 전체 열역학 과정에서 기체의 내부 에너지 변화는 없어야 한다. 즉 열역학 과정에서의 모든 내부 에너지 변화의 합 ⑪은 0이 되어야 하므로 ⑥ -120임을 알 수 있다. 앞서 온도 변화가 같다는 풀이를 잠시 접어두자고 했던 이유가 전체 내부 에너지가 0이 되어야 한다는 것을 이용하기 위해서였다.

• 이제 ⑥을 근거로 다시 가로 풀이로 넘어가면 C→D 과정에서의 ⑤는 -120이다.

- 이제 모든 빈칸이 완성되었다. 다시 세로 풀이로 넘어가 보자. 열기관이 한 사이클 동안 전체적으로 고열원에서 얻은 열과 저열원으로 내보낸 열량의 차이를 구하면 ⑩$(+120)+(+80)+(-120)+(-40)=+40$으로 40이 남아 있다. 이제 열기관이 전체적으로 한 일을 계산해 보면 ⑫$0+(+80)+0+(-40)=+40$이다. 즉 이 열기관은 40만큼의 열을 모두 일로 전환한 것이다.(그래서 내부 에너지 변화의 총합이 ⑪0이다.)

- 어차피 이상적인 열기관이기 때문에 열 흐름에서 발생한 차이만큼 오롯이 일을 한다는 것을 미리 알고 이를 먼저 적용해도 된다. 즉 열기관이 한 일이 ⑫$+40$이므로 ⑩ 역시 $+40$이 되어야 한다. 이를 토대로 ⑤-120을 구하면 가로 풀이를 통해 ⑥-120이 된다. 이는 적용 순서의 차이로 여러분의 취향에 따라 풀면 된다.

※ 열기관은 $A \rightarrow B$와 $B \rightarrow C$ 과정에서 총 $+200((+120)+(+80))$의 열량을 먹고 ⑫$+40$만큼의 일을 했다. 따라서 이 열기관의 열효율은 $40/200=0.2$가 된다.

이상적인 열기관

카르노 기관

사디 카르노는 열역학의 선구자로 인정받는 인물이다. 그의 저서 《불의 동력에 관한 고찰》을 통해 동력은 열이 고온의 물체에서 저온의 물체로 이동할 때 발생한다는 사실과 이와 반대의 흐름은 일이 투입되어야 한다는 것을 제시함으로써 열역학 2법칙의 근간을 만들었다. 시대를 앞선 천재성과 재능이 그대로 드러난 그의 저서는 너무 어려워서 오랜 시간 동안 주목받지 못했다. 시간이 지난 후 톰슨이 이를 쉽게 해석한 다음에야 그 가치를 인정받았다. 36세라는 젊은 나이에 콜레라로 사망했기 때문에 아쉽게도 그의 다른 연구 자료나 유품 등은 모두 소각되어 사라졌다.

사디 카르노

사디 카르노가 고안한 카르노 기관은 열역학 법칙에 근거한 가장 높은 효율의 이상적인 열기관이다. 즉 세상의 어떠한 열기관도 카르노 열기관보다 효율이 높을 수 없다. 이처럼 카르노 열기관은 열기관의 이상적 작동 원리와 함께 효율의 극한점을 제시했다.

170쪽에서 사장님이 고용한 두 명의 이상기체는 바로 임금을 받지 않고도 일을 하는 ③단열 팽창 기체와 받은 임금을 전부 일하는 데만 쓰는 ②등온 팽창 기체다. 이 두 과정으로 열기관을 운영하는 것이 카르노 열기관의 작동 원리다.

물론 모든 과정을 단열 팽창으로만 구성하면 좋겠지만, 처음부터 임금을 주지도 않는데 일을 하는 사람은 없다. 따라서 처음에는 임금을 주되, 대신 준 임금만큼 100% ②등온 팽창으로 최대한의 일을 부려 먹는다. 그 후 다음 달부터는 임금을 주지 않고 일만 시키는 것이다.

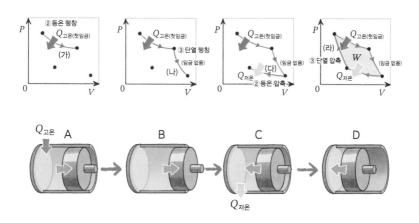

기체는 첫 달에 임금을 받았기 때문에 다음 달에도 당연히 임금을 받을 거라 믿으며 자신이 가진 돈을 써가면서까지 ③단열 팽창으로 일을 한다. 이렇게 일을 한 뒤 다시 순서대로 ②등온 압축, ③단열 압축 과정을 거치면 처음의 상태로 돌아온다. 이러한 열역학 과정을 반복하는 것이 현존 최대 효율을 자랑하는 카르노 기관의 사이클이다.

이처럼 카르노 기관은 마치 악덕 사장의 노동 착취와 같은 형태로 작동한다. 어차피 열역학은 기체를 이용해 열을 일로 바꾸려는 것에서 출발했기 때문에 기체를 최대한 부려 먹는 것이 목표다. 그래서 카르노 기관을 이상적인 열기관이라고 하는 것이다. 단열 팽창만으로는 열기관 작동이 불가능하므로 등온 과정과 단열 과정으로 이루어진 카르노 열기관의 효율을 넘어서는 열기관은 존재할 수 없다.

앞서 봤던 스털링 엔진과 비교해 보면, 스털링 엔진은 단열 과정 대신 등적 과정이 들어간다. 따라서 A와 B의 두 과정에서 모두 열에너

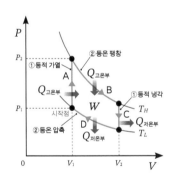

스털링 엔진

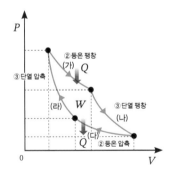

카르노 열기관

지가 투입되지만 실제 일은 B 과정에서만 이루어진다. 하지만 카르노 기관은 (가) 과정에서만 열에너지가 투입되고 일은 (가)와 (나) 두 과정에서 모두 발생한다. 또한 피스톤이 돌아오는 과정에서도 스털링 엔진은 C와 D 두 과정에서 모두 열을 버린다. 그러나 카르노 기관은 (다) 과정에서만 열을 버린다. 여기서 두 열기관의 효율 차이가 발생하는 것이다.

카르노 열기관 연습문제

문제 1

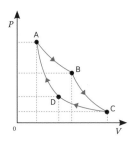

그래프는 이상적인 카르노 열기관이 순환하는 동안 압력과 부피를 나타낸 것으로 열기관의 열효율은 0.4이다. B→C 과정에서 열기관이 한 일은 80J이며 C→D 과정에서 방출한 열량이 60J일 때, 열기관이 흡수한 총열량은 얼마인가?

카르노 열기관이기 때문에 기본적으로 등온 과정, 단열 과정으로 열기관이 작동한다는 것을 알아야 한다. 문제에 주어진 조건으로 열역학 과정을 나타내 보면 다음과 같다.

과정	Q	$\triangle U$	W
B→C	①	②	+80
C→D	-60	③	④

☆ 가로 풀이

• B→C: 단열 과정이므로 ①0, 따라서 ②-80
• C→D: 등온 과정이므로 ③0, 따라서 ④-60

이제 전체 열역학 과정으로 확장해 보자.

과정	Q	$\triangle U$	W
A→B	⑤	⑥	⑦
B→C	0	-80	+80
C→D	-60	0	-60
D→A	⑧	⑨	⑩

$$\downarrow \qquad \downarrow \qquad \downarrow$$
$$⑪ \qquad ⑫ \qquad ⑬$$

- A→B: 흡수되는 열량을 +x라고 하면 등온 과정이므로 ⑥0이다. 먹은 만큼 100% 일을 하기 때문에 ⑦+x이다.

☆ 세로 풀이

- 한 사이클 뒤 열기관은 온도 변화가 없으므로 전체 내부 에너지 변화량은 0(⑫0)이 되어야 한다. 따라서 ⑨+80이다. 이제 ⑨의 값을 알았으므로 D→A 과정의 가로 풀이로 되돌아온다.

- D→A: 단열 과정이므로 ⑧0이고, 내부 에너지가 80만큼 증가했기 때문에 받은 일은 ⑩-80이 된다.

지금까지 내용을 정리해 보자.

과정	Q	$\triangle U$	W
A→B	+x	0	+x
B→C	0	-80	+80
C→D	-60	0	-60
D→A	0	+80	-80

$$\downarrow \qquad\qquad \downarrow \qquad\qquad \downarrow$$
$$x-60 \qquad\quad 0 \qquad\quad x-60$$

이제 마지막이다. 카르노 열기관의 열효율이 0.4이므로 실제 흡수한 열량 x에 대해 한 일 ⑬x-60 또는 열에너지 흐름에서의 차이 ⑪x-60 의 비율 0.4를 적용하면 된다.

$$\frac{x-60}{x}=0.4 \ \rightarrow \ \therefore \ x=100J$$

가솔린 엔진과 디젤 엔진은 무엇이 다를까?

엔진은 내연기관으로 휘발유 같은 인화성 물질을 실린더 안에서 폭발시켜 열에너지를 직접 공급받는다. 열에너지의 흐름을 만들려면 큰 온도 차이가 필요한데, 이를 위해 고온과 저온 간의 차이를 양쪽으로 벌리는 것보다 한쪽만 더 크게 하는 방법을 택했다. 고온을 더욱 높이는 것이다.

그 이유는 온도를 높이는 것에 비해 낮추고 유지하는 것이 현실적으로 훨씬 어렵기 때문이다. 따라서 앞서 이야기한 대로 최적의 열기관을 만들려면 매우 높은 고온 상태를 만들 필요가 있다. 그것도 아주 빠른 시간에 말이다.

과거의 열기관과 현재 엔진의 가장 큰 차이는 작동 원리가 아니라 효율이다. 따라서 지금부터 관심의 대상은 기체에서 연료로 바뀐다. 최대한 높은 온도를 순식간에 만들어낼 수 있는 폭발력 있는 연료가 오늘날 엔진의 핵심 요인인 것이다. 그래서 오늘날의 엔진으로 주제가 넘어오면 지금까지의 열역학과는 사뭇 다른 형태로 이야기가 전개된다.

엔진을 크게 두 종류로 분류하면 가솔린 엔진(Otto 기관)과 디젤 엔진으로 구분할 수 있다. 두 엔진 모두 흡입, 압축, 폭발, 배기의 4개 행정으로 작동한다. 여기서 행정이란 피스톤의 움직임을 의미한다. 두 엔진의 차이는 열에너지를 공급하는 연료의 차이다. 가솔린 엔진은 휘발유, 디젤 엔진은 경유를 사용한다. 이 두 연료는 연소 조건이 다르다. 이 점이 두 엔진이 서로 다른 방식으로 발전한 주요 원인이다.

가솔린 엔진의 연료인 휘발유는 유증기가 쉽게 형성되어 인화점이 매우 낮다. 유증기는 액체 휘발유로부터 기화된 기름으로 공기 중에 기체처럼 떠 있어서 불꽃을 휘발유 근처에 가까이 가져가기만 해도 불이 붙는다. 이름 그대로 휘발성이 강한 기름이다. 그러나 인화점에 비해 발화점은 높은 편이어서 점화원 없이 주변의 온도를 높여 휘발유를 자체 폭발시키기는 상대적으로 어렵다.

이러한 휘발유의 특징을 이용한 것이 가솔린 엔진이다. 휘발유와 공기를 혼합해서 가솔린 엔진 실린더에 투입(1)한 후 피스톤으로 이를 단열 압축(2)한다. 피스톤이 최고점에 도달한 시점에 점화 플러그로 점화해서 휘발유를 폭발시킨다. 바로 이때 엔진의 고온부가 만들어진다. 즉 열에너지는 순간적인 등적 가열(3) 때 엔진에 전달되는데, 이때가 순간적인 이유는 피스톤이 최고점 상태에서 내려가기 직전 사이의 찰나이기 때문이다. 연이어 단열 팽창(4)을 통해 피스톤이 내려가면서 엔진에서의 일이 시작된다.

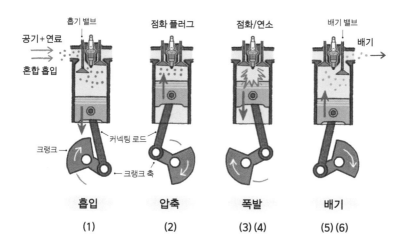

흡기 밸브　　　점화 플러그　　　점화/연소　　　배기 밸브

공기＋연료　　　　　　　　　　　　　　　　　　　　배기

혼합 흡입

커넥팅 로드

크랭크　　　　　　　　　　　　크랭크 축

흡입	압축	폭발	배기
(1)	(2)	(3) (4)	(5) (6)

가솔린 엔진의 열역학 과정

(1) 흡입(공기＋연료 흡입)

(2) 압축(단열 압축)

(3) 폭발(등적 가열: 순간적)

(4) 팽창(단열 팽창)

(5) 냉각(등적 냉각: 순간적)

(6) 배기(연소가스 배출)

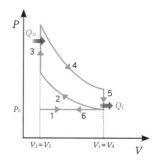

팽창이 완료되어 일이 끝나는 순간, 다시 피스톤이 올라오기 바로 직전에 두 번째 순간적인 등적 과정(5)이 진행된다. 이때 남은 열이 저 열원으로 내보내진다. 그 후 배기 밸브가 열려 연소가스가 배출(6)되 며 한 사이클이 완성된다. 가솔린 엔진은 휘발유를 이용해서 2번의 등 적 과정을 통해 열에너지의 흐름을 만들고 2번의 단열 과정으로 일을 만들어낸다.

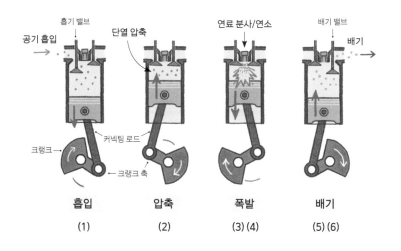

흡입 밸브　공기 흡입　단열 압축　연료 분사/연소　배기 밸브　배기
공기 흡입
크랭크　커넥팅 로드　크랭크 축

흡입　　압축　　폭발　　배기
(1)　　(2)　　(3)(4)　　(5)(6)

디젤 엔진의 열역학 과정

(1) 흡입(공기 흡입)
(2) 압축(단열 압축)
(3) 폭발(등압 가열 : 연료 분사)
(4) 팽창(단열 팽창)
(5) 냉각(등적 냉각 : 순간적)
(6) 배기(연소가스 배출)

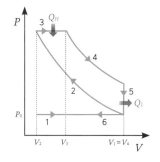

디젤 엔진의 연료인 경유는 휘발유와 달리 인화점이 높아 불꽃을
갖다 대도 불이 붙지 않는다. 이에 반해 상대적으로 발화점은 낮아서
주변 온도가 높아지면 연소한다. 이것이 휘발유와 경유의 결정적인 차
이다. 휘발유는 주변의 온도와 관계없이 발화원만 있으면 바로 열에너
지 공급원으로 사용할 수 있지만, 경유는 주변에 발화원이 없어도 온
도가 충분히 높으면 열에너지 공급원으로 사용할 수 있다.

참고로 식용유는 인화점과 발화점이 둘 다 높다. 그래서 식용유에 불꽃을 가져가도 불이 붙지 않으며 높은 온도까지 가열해도 연소 역시 잘되지 않는다. 따라서 200℃ 이상의 고온을 안정적으로 유지할 수 있으므로 높은 온도에서 조리해야 하는 튀김 요리에 주로 사용된다. 즉 고온의 엔진 안에서 피스톤 운동의 마찰을 줄여 기계 마모를 감소시키는 엔진 오일 같은 윤활유 종류 역시 인화점과 발화점이 모두 높아야 한다는 것을 알 수 있다.

주의할 것은 아무리 엔진 오일이라고 해도 연료가 폭발하는 상황의 엔진 온도보다 발화점이 높지는 못하다. 따라서 엔진 오일은 양이 매우 중요하다.(열용량) 엔진 오일이 부족하지 않도록 점검하고 주기적으로 교체해 주는 이유가 바로 이것 때문이다. 앞서 튀김 요리에서도 식용유에 불이 붙지 않으려면 식용유의 양이 충분해야 한다. 요리를 할 때 종종 '불 쇼'가 연출되는 이유는 온도가 매우 높은 달궈진 프라이팬에 아주 적은 양의 식용유를 뿌리기 때문이다.

다시 디젤 엔진으로 돌아가 보자. 디젤 엔진의 가장 큰 특징은 처음부터 연료를 넣지 않는 것이다. 오로지 공기만 투입(1)해서 압축(2)시키기 때문에 안정적으로 극한의 초고온 상태를 만들 수 있다. 단열 압축(2)에 의해 실린더 내 온도가 600℃ 이상이 되어도 공기는 절대 폭발하지 않는다.

이렇게 발화점 이상의 온도가 형성된 상황에서 연료를 분사(3)한다. 연료는 분사 즉시 연소되며(식용유 불 쇼) 이때 부피가 팽창하면서 피스톤을 밀어낸다. 이는 등압 팽창 과정(3)으로 피스톤이 밀리는 상황에서도 분사에 의한 열에너지 공급은 계속되기 때문에 압력이 유지될 수 있다. 가솔린 엔진의 점화 방식에 의한 순간적인 폭발(등적 과정)과 연료 분사에 의한 디젤 엔진의 비교적 지속적인 폭발(등압 과정)이 두 엔진의 큰 차이점이다.

디젤 엔진은 피스톤이 이동하는 도중에도 열을 공급받는다. 이후 연료 분사가 멈추고 열에너지의 공급 없는 팽창이 계속되는 단열 팽창(4) 과정을 통해 일을 계속 이어간다. 최저점에 도달한 피스톤이 다시 올라오는 순간 등적 과정(5)이 진행되며 가솔린 기관과 마찬가지로 이때 남은 열은 저열원으로 내보내진다. 이제 연소가스를 배출(6)하는 것으로 디젤 기관의 한 사이클이 마무리된다.

디젤 엔진은 발화점 이상의 온도를 순전히 공기의 단열 압축으로 얻어낸다. 따라서 초고온을 얻기 위해 피스톤을 연료 분사 지점 끝까지 밀어 넣어 극한의 압축 상태를 만든다. 이 때문에 실린더와 커넥팅 로드(피스톤과 크랭크 축을 연결하는 막대)가 가솔린 엔진보다 길고 튼튼해야 한다.

폭발 이후에 밀려나는 피스톤의 작동 거리 역시 길어서((3), (4) 과정의 연속 팽창) 피스톤이 한 번 이동할 때마다 크랭크 축에 힘 있는 회전을 줄 수 있다. 따라서 디젤 엔진은 가솔린 엔진에 비해 출력이 크다는 장점이 있다. 마치 렌치로 너트를 조일 때 렌치의 손잡이 부분이 길수록 더 큰 돌림힘을 가할 수 있는 것과 같다.

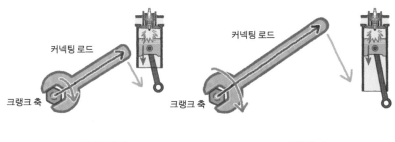

커넥팅 로드   커넥팅 로드

크랭크 축   크랭크 축

가솔린 엔진   **디젤 엔진**

디젤 엔진은 커넥팅 로드의 길이가 길어 큰 힘을 낼 수 있다. 이에 따라 엔진의 크기 역시 크다. 따라서 버스, 트럭, 선박, 기차 등 대형 차량의 동력원으로 주로 이용된다. 긴 커넥팅 로드는 움직일 때 진동과 소음을 유발하므로 디젤 엔진이 적용된 차량은 가솔린 엔진이 적용된 차량보다 승차감이 좋지 않다는 평가를 받는다.

반면 가솔린 엔진은 점화 플러그로 적절한 시점에 점화를 시키므로 피스톤이 극단적으로 압축될 필요가 없다. 따라서 커넥팅 로드의 길이가 디젤 엔진과 달리 길지 않아 엔진의 크기가 작고 진동이나 소음이 덜하다. 그러나 디젤 엔진만큼 한 번에 큰 출력은 만들어내지 못하기 때문에 승용차 같은 소형 자동차에 주로 사용된다.

두 엔진에 공통적으로 적용되는 가장 큰 단점은 탄소 화합물인 휘발유와 경유의 연소 후 만들어지는 환경 오염 물질이다. 앞서 세포에서 영양소의 탄소, 수소와 산소가 결합하는 세포호흡으로 에너지와 함께 이산화 탄소, 물과 같은 노폐물이 만들어진다고 설명했다. 가솔린

과 경유 역시 탄소와 수소로 되어 있으므로 똑같이 이산화 탄소와 물이 만들어진다.

문제는 이외에도 유해 성분들이 추가로 생성 및 배출되는데, 가솔린 엔진의 경우 불완전 연소로 인한 일산화 탄소와 탄화 수소, 질소 산화물이 생성된다. 디젤 엔진은 황 산화물과 매연이 발생하는 것이 특징이다. 특히 노후된 디젤 엔진은 요즘 심각한 문제인 초미세먼지의 주범으로 지목되고 있다.

앞에서도 언급했듯이 엔진은 워낙 디자인 특허가 많고 성능 개선 제품들도 다양해서 표준화가 쉽지 않다. 오늘날은 디젤 엔진의 소형화로 일반 승용차도 디젤 엔진을 탑재해서 출시되기도 한다. 문제는 눈으로 봐서는 디젤 엔진인지 가솔린 엔진인지 구분하기 어렵다는 것이다. 따라서 자신의 자동차가 어떤 방식의 엔진이 장착되어 있는지 확실히 알고 있어야 엔진에 맞는 연료를 주유할 수 있다. 규정된 연료가 아닌 다른 연료를 넣는 경우를 혼유라고 하는데 이는 엔진에 큰 손상을 주는 대표적인 원인이다.

휘발유와 경유 주유기

디젤 자동차 주유구

디젤 엔진에 휘발유를 넣으면 압축하는 과정에서 수시로 폭발해 버리는 휘발유의 불규칙한 연소 때문에 엔진 부품이 치명적인 손상을 입는다. 반면 가솔린 엔진에 경유가 들어간 경우, 점화 장치의 불꽃으로는 경유가 연소하지 않아 엔진이 멈춰버린다.

이러한 혼유 사고를 방지하기 위해 주유소의 주유기는 유종에 따라 색깔이 구분되어 있다. 특히 경유 주유 건은 입구의 지름이 가솔린 엔진 자동차의 주유구 지름보다 커서 주유기 자체가 들어가지 않는다. 따라서 가솔린 엔진에 경유를 넣는 사고는 잘 발생하지 않는다.

휘발유 주유 건은 입구 지름이 가솔린 주유구뿐 아니라 경유 주유 구보다도 작아 어디에나 들어간다. 따라서 혼유 사고 대부분은 디젤 엔진에 휘발유를 주유하는 경우다. 이를 방지하기 위해 디젤 엔진 자동차는 주유구 뚜껑에 'Diesel' 또는 '경유'가 확실하게 표기되어 있다.

1. 열기관

열 → 일 전환 장치

2. 이상적 열기관 작동 원리

→ $\triangle Q = \triangle W \,(\triangle U = 0)$

3. 스털링 기관

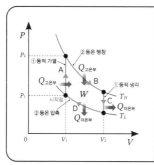

- **사용된 열역학 과정**
  ① 등적 과정, ② 등온 과정
- 열 흡수 과정: A, B
- 열 방출 과정: C, D　　(↓ 열 흐름)
- 온도 상승 과정: A
- 온도 하강 과정: C
- 일하는(부피 팽창) 과정: B
- 일 받는(부피 수축) 과정: D

4. 카르노 기관

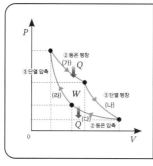

- **사용된 열역학 과정**
  ② 등온 과정, ③ 단열 과정
- 열 흡수 과정: (가)
- 열 방출 과정: (다)　　(↓ 열 흐름)
- 온도 하강 과정: (나)
- 온도 상승 과정: (라)
- 일하는(부피 팽창) 과정: (가), (나)
- 일 받는(부피 수축) 과정: (다), (라)

5. 가솔린(Otto 기관) 엔진 vs 디젤 엔진

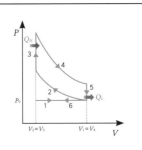 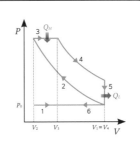

가솔린 엔진의 열역학 과정	디젤 엔진의 열역학 과정
(1) 흡입(공기+연료 흡입)	(1) 흡입(공기 흡입)
(2) 압축(단열 압축)	(2) 압축(단열 압축)
(3) 폭발(등적 가열 : 순간적)	(3) 폭발(등압 가열 : 연료 분사)
(4) 팽창(단열 팽창)	(4) 팽창(단열 팽창)
(5) 냉각(등적 냉각 : 순간적)	(5) 냉각(등적 냉각 : 순간적)
(6) 배기(연소가스 배출)	(6) 배기(연소가스 배출)

6장

열과 에너지와 엔트로피

에너지를 그대로 보존할 수 없는 이유

떨어뜨린 농구공의 궤적을 녹화해서 역재생하면 그 사실을 단번에 알아차릴 수 있다. 죽은 공이 갑자기 살아나는 것 같아 어색해 보이기 때문이다. 그러나 마찰이나 공기 저항이 없는 상황에서의 농구공의 궤적은 반대로 재생해도 전혀 구별해 낼 수 없다.

마찰이나 공기 저항이 있을 때   마찰이나 공기 저항이 없을 때

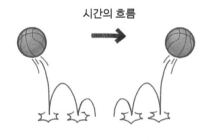
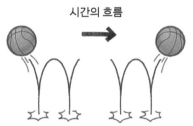

자연스럽다 vs 어색하다   두 상황을 전혀 구분할 수 없다

거꾸로 되돌려도 물리 법칙에 위배되지 않는 과정을 '가역 과정'이라고 한다. 말 그대로 역으로 되돌려 원래 상태로 만들 수 있다는 것이다. 가역 과정이 성립하려면 마찰과 공기 저항이 없는 특수한 상황이어야 한다. 에너지 소모가 없어야 하기 때문이다.

이와 반대 개념인 비가역 과정은 마찰, 공기 저항 등이 일을 해서 에너지를 소모시킨다. 마치 에너지 흐름에서 일을 빼내는 열기관과 같다. 그러나 아쉬운 점은 이렇게 빼낸 에너지는 우리가 활용하지 못한다는 것이다. 따라서 이는 '손실'로 표현할 수 있다. 이것이 마찰력과 공기 저항력이 있을 때 역학적 에너지가 보존되지 않는 이유다.

이처럼 가역 과정과 비가역 과정은 에너지의 차이로 구분할 수 있다. 가역 과정은 과정이 진행되어도 에너지 소모가 없어야 한다. 따라서 오직 중력, 전기력, 탄성력만이 작용하는 상태에서 역학적 과정이 진행되어야만 가역 과정이 될 수 있다. 중력, 전기력, 탄성력만 작용하는 상황에서는 그 어떤 역학적 일을 하더라도 모두 운동 에너지로 전환되기 때문이다. 이러한 의미에서 중력, 전기력, 탄성력을 '보존력'이라고 한다.

그러나 마찰력과 공기 저항력이 엄연히 존재하는 현실에서는 역학적 에너지가 보존되지 않는다. 마찰력과 공기 저항이 하는 일은 운동 에너지가 아니라 우리가 쓸 수 없는 형태의 에너지로 전환되기 때문이다. 이런 마찰력과 공기 저항력 같은 힘들을 '비보존력'이라고 하며, 비보존력이 일을 하면 비가역 과정이 된다.

현실에는 비보존력이 엄연히 존재하므로 자연이 어떠한 방향으로 흘러가든 결국 쓸 수 있는 에너지는 점점 줄어든다. 멈춰 있는 공이 저절로 움직이는 장면은 갈수록 에너지가 증가하기 때문에 자연스럽지 않게 보이는 것이다. 아직 자연의 진행 방향을 명확하게 정의하지는 못했지만 비보존력이 존재하는 한 자연의 흐름은 비가역적으로, 즉 에너지를 소모하는 방향으로 진행된다는 사실만은 확실하다.

자연의 흐름을 가만히 지켜보고 있으면 재미있는 사실을 깨닫게 된다. 세상의 모든 마찰력과 공기 저항력 같은 비보존력들은 사방에서 열심히 일을 해서 여러 에너지를 우리가 쓸 수 없는 에너지로 바꿔놓는데, 흥미로운 점은 이 쓸모없는 에너지의 최종 형태가 바로 열에너지라는 것이다. 자연의 흐름을 따라갈수록 우리가 쓸 수 있는 에너지는 줄어든다. 이를 반대로 말하면 우리가 쓸 수 없는 에너지가 갈수록 늘어간다고도 할 수 있다.

비가역적 과정의 숨은 조력자인 비보존력은 마치 생태계의 분해자와 같은 역할을 하는 듯하다. 분해자는 동식물의 사체나 배설물을 분해해 유기물을 무기물로 만든다. 유기물이 화석 연료와 같은 탄소화합물이라면 무기물은 우리가 에너지로 사용할 수 없는 자연 물질 그 자체다. 이처럼 비보존력 역시 우리가 쓸 수 있는 에너지를 쓸 수 없는 열에너지로 바꿔놓는다. 하지만 '우리에게 쓸모 있는 것만 가치가 있는 걸까?'라는 의문을 가져본다면, 쓸 수 없다는 말보다는 자연 본래의 에너지 형태로 돌려놓는다는 표현이 더 옳을지도 모른다.

열역학 2법칙

열역학 1법칙은 에너지의 양에 관련된 보존 법칙이다. 그래서 순서에 구애받지 않는다. 예를 들어 등압 과정의 경우 ①Q＝②$\triangle U$＋③$P \triangle V$를 ①받은 열량(100) 중에서 일부는 ②내부 에너지 증가(80)에 사용하고, 나머지를 ③일(20)하는 데 사용한다고 해석해도 되지만, ①먹고(100) ③운동(20)하고 ②남은 만큼 살찐다(80)로 순서를 바꿔도 아무 문제가 없다. 100＝100만 성립하면 되는 것이다. 그러나 열역학 1법칙을 근거로 자연을 해석하면 설명되지 않는 부분이 발생한다. 그것이 바로 이 순서에 관한 문제다.

예를 들어 10년 늙는 것은 가능하지만 10년 젊어지는 것은 불가능하다. 두 경우 모두 10년이라는 양이 같으므로 열역학 1법칙에 따르면 양쪽 모두가 가능해야 한다. 뜨거운 물과 찬물을 접촉하면 두 물은 결국 미지근해진다. 뜨거운 물은 더 뜨거워지고 찬물은 더 차가워지는 경우는 없다. 이때도 서로 주고받은 열량만 같다면 찬물에서 뜨거운 물로 열이 이동하는 것 역시 열역학 1법칙에 전혀 위배되지 않는다.

그러나 자연적으로는 이러한 일이 일어나지 않는다. 즉 열역학 1법칙은 자연의 방향성을 설명하지 못한다는 뜻이다. 이렇다 보니 자연을 제대로 설명하려면 무언가가 더 필요하다. 이것이 열역학 2법칙의 탄생 배경이다.

열역학 2법칙은 자연의 방향성을 에너지의 관점에서 설명한다. 열역학 2법칙에 따르면 비가역적 과정, 즉 에너지가 소모되는 방향으로 진행되는 것이 곧 자연의 방향성이다. 열이 자연적으로 고온에서 저온으로만 이동했던 이유가 바로 이것 때문이다. 물론 에너지가 소모되는 방향을 거꾸로 되돌리고 싶다면 부족했던 에너지를 보충해 주면 된다. 처음 에너지 상태와 똑같이 만들 수 있다는 것인데, 이것이 냉장고와 에어컨의 작동 원리다. 일을 해서 '저온→고온'으로 열을 다시 퍼 올리는 것이다. 그러나 일을 하지 않고 열이 저온에서 고온으로 자연적으로 이동하는 경우는 절대 일어나지 않는다.

열역학 2법칙은 공식이 없다. 자연의 방향성을 나타내는 모든 것들이 열역학 2법칙이 될 수 있기 때문이다. 이렇다 보니 열역학 2법칙은 다양한 표현 방식이 있다. 그중 대표적인 것을 살펴보면 다음과 같다.

① 열은 항상 고온에서 저온으로 이동한다

자연에서는 열의 흐름이 에너지가 소모되는 방향으로 진행된다는 것을 나타내는 동시에 쓸 수 없는 에너지가 갈수록 증가한다는 것을 나타낸다.

② 열효율이 100%인 열기관은 존재하지 않는다

열기관이 일을 하려면 에너지의 흐름이 가장 중요하다. 따라서 고열원과 저열원이 동시에 존재해야 한다. 저열원의 절대온도가 0이 아닌 이상 두 열원의 차이만큼만 일로 전환되기 때문에 열효율은 100%가 될 수 없다. 열은 고온에서 저온으로만 흐른다는 열 흐름의 방향성이 내포되어 있으므로 ①의 내용을 열기관에 적용한 것으로 해석할 수 있다.

③ 역학적인 일은 전부 열로 바꿀 수 있지만, 열은 전부 일로 바꿀 수 없다

역시 열 흐름을 설명한 것이다. 우리가 쓸 수 없는 에너지의 최종 형태가 열에너지라고 한 것을 기억하는가? 손바닥을 비벼 일을 열로 바꾸는 것은 특별한 장치가 없어도 쉽게 가능하다. 그 이유는 쓸 수 없는 최종 형태로의 에너지 전환이기 때문이다. 그러나 쓸 수 없는 열에너지를 전부 일로 전환해서 쓸 수 있는 형태로 바꾸지는 못한다. 열기관을 통해 열에너지를 일로 전환하는 것은 열에너지 중 극히 일부만 해당한다. 이는 저열원을 0으로 만들 수 없는 열기관의 효율에 관련된 것으로 결국 ②의 내용이 포함되어 있다.

엔트로피란 무엇일까

열역학 2법칙은 시간의 방향을 정하는 법칙이다. 이는 1법칙에서 추론되거나 유도된 것이 아니라 그 자체가 별개의 자연 법칙이다. 그러다 보니 열역학 2법칙을 언어적 설명이 아닌 식으로 나타낼 수 있는 물리량이 필요했다. 카르노 열기관을 연구하던 루돌프 클라우지우스는 열기관이 흡수하고 방출하는 열량을 절대

루돌프 클라우지우스

온도로 나눠 모두 더하면 0이 된다는 사실을 알아냈다. 이를 통해 열역학 2법칙을 설명할 수 있는 엔트로피(S)라는 개념을 제시했다.

그는 절대온도 T인 열역학적 계(시스템)가 열량 Q를 흡수할 때 계의 엔트로피가 증가한다고 정의했다. 이렇게 변화한 엔트로피를 나타내면 다음과 같다.

$$\triangle S = \frac{Q}{T}$$

따라서 어떤 열역학적 계에 열이 들어가면 엔트로피는 증가하고, 계에서 열이 나가면 엔트로피는 감소한다. 절대온도는 언제나 양수이며 음의 값이 없기 때문이다.

열이 들어가면 $+Q$ → $+\triangle S$ (엔트로피 증가)

열이 나가면 $-Q$ → $-\triangle S$ (엔트로피 감소)

여기서 주의할 점은 우리가 알 수 있는 것은 엔트로피의 시작값이나 최종값이 아니라 엔트로피의 변화뿐이라는 것이다. 참고로 '열역학적 계'는 열적 현상이 적용될 수 있는 물체뿐만 아니라 주변 공간, 영역 등을 모두 통틀어 말하는 것이다. 계의 크기는 설정하기 나름이다.

맨 처음 에너지 보존 법칙을 적용할 때 집에서 국가, 세계, 우주까지 범위를 넓혀나가며 돈거래의 범위를 확장했던 것을 기억할 것이다. 이것이 바로 계의 크기와 범위를 설정하는 과정이다. 이제 열은 항상 고온에서 저온으로 흐른다는 열역학 2법칙을 엔트로피라는 개념으로 나타낼 수 있게 되었다.

만약 절대온도가 T_H인 고온의 계와 절대온도가 T_L인 저온의 계가 접촉해서 Q만큼의 열이 고온에서 저온으로 이동했다면, 고온의 계는 $\triangle S_H = -\frac{Q}{T_H}$만큼 엔트로피가 감소하고 저온의 계는 $\triangle S_L = +\frac{Q}{T_L}$만큼 엔트로피가 증가할 것이다.

　이제 두 계를 포괄하는 하나의 더 큰 계를 설정하자. 단계별로 확장하는 것이 귀찮다면 과감하게 처음부터 가장 큰 우주 크기로 설정하는 것도 좋다. 이제 우주 안에서 Q라는 열량이 이동할 때 엔트로피의 변화를 나타낼 수 있다. 특히 전체 엔트로피의 변화는 각 엔트로피 변화의 총합과 같다.

$$\therefore \triangle S = \triangle S_H + \triangle S_L = -\frac{Q}{T_H} + \frac{Q}{T_L}$$

　온도의 관계는 $T_H > T_L$이므로 고온계의 엔트로피 감소가 저온계의 엔트로피 증가보다 작다.($-\frac{Q}{T_H} < \frac{Q}{T_L}$) 결국 우주의 엔트로피 변화는 언제나 $\triangle S > 0$이다.

　이와 반대로 저온에서 고온의 계로 열량 Q가 이동할 경우의 엔트로피 변화도 구해보자. 이때는 저온의 계가 열을 잃어 $\triangle S_L = -\frac{Q}{T_L}$ 만큼 엔트로피가 감소한다. 반면에 고온의 계는 엔트로피가 $\triangle S_H = +\frac{Q}{T_H}$ 만큼 증가한다. 마찬가지로 이 두 계를 모두 포괄하는 우주에서 Q라는 열량이 이동할 때의 엔트로피 변화는 다음과 같다.

$$\triangle S = \triangle S_L + \triangle S_H = -\frac{Q}{T_L} + \frac{Q}{T_H}$$

　역시 온도는 $T_H > T_L$이므로 저온의 계의 엔트로피 감소가 고온의 계의 엔트로피 증가보다 크다.($-\dfrac{Q}{T_L} > \dfrac{Q}{T_H}$) 따라서 이 경우 우주의 엔트로피 변화는 $\triangle S < 0$이다.

그러나 자연적인 열의 이동은 언제나 고온에서 저온 방향이므로 우주의 엔트로피는 언제나 증가한다고 할 수 있다.($\triangle S > 0$) 이는 열역학 2법칙을 엔트로피를 사용해서 나타낸 것으로 엔트로피 증가 법칙이라고도 한다.

엔트로피는 항상 증가한다

에너지가 이동하는 한 우주의 엔트로피는 항상 증가한다. 따라서 엔트로피는 에너지처럼 보존되는 양이 아니다. 주의할 점은 부분적인 계에서는 엔트로피가 감소할 수도 있다는 것이다. 앞서 살펴본 대로 고온의 계는 열이 나가면서 엔트로피가 감소했다. 그러나 엔트로피가 감소한 계 주위에 있는 엔트로피는 감소한 양보다 더 증가한다. 결국 엔트로피 증가 법칙은 어느 정도의 크기든 '고온과 저온을 통합한 계'를 설명하는 것이다. 그러므로 엔트로피 증가 법칙은 자연에서 가장 큰 계인 우주가 대상이다.

엔트로피는 특정 온도에서 아주 미세한 열량의 이동이기 때문에 미시적 관점에서 출발한다. 따라서 두 계에서 같은 크기의 열량이 이동해도 온도 차이($T_H > T_L$)를 계속 적용할 수 있다. 미시적 개념인 엔트로피는 미시적 분석에 관한 수학인 미분 형태로 나타낸다.

$$dS = \frac{dQ}{T}$$

$\triangle S$는 이를 적분해야 비로소 얻을 수 있다.

$$\triangle S = \int \frac{dQ}{T} = \frac{Q}{T}$$

무질서의 척도

물에 잉크를 떨어뜨리면 시간이 지날수록 잉크가 퍼져나간다. 하지만 이미 퍼진 잉크가 다시 모여들어 잉크를 떨어뜨린 직후의 모습으로 되돌아가는 일은 일어나지 않는다. 이 잉크가 퍼져나가는 현상을 엔트로피 증가로 볼 수 있다.

물에 잉크를 떨어뜨리는 순간을 살펴보면 이때는 물과 잉크가 확연하게 구분된다. 이처럼 확연하게 구분할 수 있는 것을 '질서적'이라고 표현한다. 그러나 시간이 지난 후에는 물과 잉크를 구분하기 어렵다. 이처럼 물과 잉크가 섞여 구분하기 어려운 상황은 '무질서'라고 부른다. 따라서 엔트로피는 어떤 시스템의 무질서한 정도를 나타내는 무질서의 척도이기도 하다.

엔트로피가 증가할수록 무질서도가 증가하고, 잉크 방울의 위치 정보도 불확실해진다. 참고로 그 반대도 성립한다. 즉 잉크 방울의 위치 정보가 불확실한 만큼 무질서도가 증가한다. 두 경우 모두 엔트로피가 증가한 만큼 잉크 방울은 위치가 불확실해진다.

루트비히 볼츠만

　무질서도와 불확실성을 확률·통계적으로 접근한 사람은 루트비히 볼츠만이다. 맥스웰의 기체 운동론을 기체 분자의 무질서한 운동으로 통계적으로 기술해서 기체의 운동 에너지와 온도와의 관계를 이끌어낸 맥스웰-볼츠만 분포를 만든 장본인이다. 잉크 방울이 물에 떨어뜨린 직후 흩어지지 않고 모여 있는 상태로 존재할 경우의 수와 잉크가 물과 뒤섞여 고르게 퍼져 있는 경우의 수를 계산해 보면 무질서하게 퍼져 있는 경우의 수가 크다. 따라서 자연은 발생할 확률이 큰 방향으로 진행되며, 이것이 곧 엔트로피의 증가 방향이다. 쉽게 말하면 자연은 일어날 가능성이 높은 쪽으로 흘러간다는 것이다.

　자연에서 일어나는 변화는 확률이 가장 높은 방향으로 진행되므로 계를 구성하는 분자들은 질서 있는 배열에서 벗어나 점점 무질서해진다. 이러한 분자들이 섞여 경우의 수가 최대인 상태가 되면 변화는 더 이상 일어나지 않는다. 이를 근거로 볼츠만은 엔트로피를 확률과 연결해서 새롭게 정의했다.

$$S = k \ln W$$

여기서 W는 일이 아니라 계의 거시적인 상태에 대응하는 가능한 미시 상태의 수로 간단히 말하면 확률에서 나오는 '경우의 수'다. 즉 볼츠만은 엔트로피(S)와 확률(W)을 로그함수로 연결해 냈다. 볼츠만 상수(k)는 기체의 운동 에너지를 온도와 연결하는 역할을 하는 상수로 만유인력 상수나 빛의 속도처럼 물리학에서 매우 중요한 상수다.

시대를 앞서간 볼츠만의 연구는 당시 물질이 원자로 구성되었다는 것이 아직 밝혀지지 않은 상태에서 이루어졌다. 그래서 원자라는 물질을 설명하기 위해 도입한 수학적 허구라는 비판을 받기도 했다. 이로 인해 그는 심한 신경 쇠약과 우울증으로 자신의 삶을 스스로 마감했다. 오늘날 자연 현상을 가능성과 확률로 설명하는 통계역학과 양자역학의 뿌리는 볼츠만에서 출발했다고 해도 과언이 아니다.

엔트로피의 정체를 알아낼 수 있을까?

자연이 무질서해지는 것을 확률적으로 접근한 볼츠만의 엔트로피 $S = k \ln W$, 계(시스템)의 온도와 열량 변화로 나타낸 클라우지우스의 엔트로피 $\triangle S = \dfrac{Q}{T}$는 모두 같은 의미를 지니고 있다. 그렇다면 클라우지우스의 엔트로피는 어떻게 무질서함을 나타낼 수 있을까?

81쪽 그래프에서 B와 D의 상태 변화가 일어나는 구간을 주목해 보자. 각각 얼음에서 물, 물에서 기체로 분자 운동이 활발해지면서 무질서도가 증가하는 구간이다. 여기에 클라우지우스의 엔트로피를 적용하면, 온도 변화는 없지만 열량은 계속해서 들어오고 있으므로 엔트로피가 증가하는 것을 확인할 수 있다.

이제 열역학 2법칙으로 다시 돌아가 보자. 앞서 비보존력을 비가역 과정의 숨은 조력자라고 표현했다. 왜 주동자가 아니라 조력자일까? 그 이유는 비보존력이 없어도 자연은 비가역적인 엔트로피가 증가하는 방향으로 나아가기 때문이다. 그렇다면 시간의 흐름, 즉 우주의 방향성을 만드는 주동자는 누구일까? 주동자는 우주 그 자체라고 할 수 있고, 도대체 우주는 왜 그러한가에 대한 근본적 의문에는 "현재 인간이 알 수 없다."라는 대답이 가장 정확하고 솔직한 답변일 것이다.

자연의 방향성을 설명하는 데 엔트로피를 본격적으로 도입하면서 열과 에너지 측면으로만 기술되었던 열역학 2법칙에 새로운 표현이 추가되었다.(① ~ ③은 222~223쪽 참고)

④ 모든 자연 현상은 엔트로피가 증가하는 방향으로 일어난다.
⑤ 모든 자연 현상은 무질서도가 증가하는 방향으로 일어난다.

결론적으로 열역학 1법칙과 2법칙은 다음과 같이 정리된다.

열역학 1법칙: 우주의 에너지는 항상 일정하다.
열역학 2법칙: 우주의 엔트로피는 항상 증가한다.

영구 기관

1종 영구 기관이란 에너지를 투입하지 않아도 일을 계속할 수 있는 영구 기관을 말한다. 그림처럼 톱니바퀴 오른쪽 부분의 추들은 최고점에서 아래로 이동하는 순간 중력을 받아 아래로 떨어지고, 그 힘을 추가로 톱니바퀴에 전달한다. 따라서 항상 시계 방향으로의 회전력이 보충되기 때문에 영원히 일을 계속할 수 있을 것처럼 보인다.

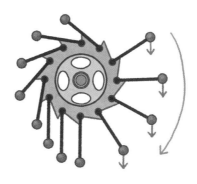

1종 영구 기관의 예

그러나 실제로 톱니바퀴는 결국 정지해 버린다. 그 이유는 마찰력과 같은 비보존력이 톱니바퀴 연결 부분을 비롯한 여러 곳에서 눈에 보이지 않는 일을 계속하기 때문이다. 이 힘들이 톱니바퀴의 운동 에너지 일부를 계속 소리 에너지, 열에너지 등 재활용할 수 없는 에너지로 야금야금 바꿔놓는다.

1종 영구 기관이 불가능한 근본적인 이유는 에너지 투입 없이 처음 입력한 에너지로 영원히 회전하면서 무한대의 에너지를 창조해 낸다는 것이 열역학 1법칙에 위배되기 때문이다. 외부에서 에너지 투입이 없다면 1종 영구기관은 결국 멈출 수밖에 없다. 재미있는 점은 1종 영구기관이 작동하는 과정에서 마찰력 같은 비보존력이 일을 열에너지로 바꿈으로써 엔트로피가 증가하므로 열역학 2법칙은 충실하게 만족한다는 것이다.

한편 2종 영구 기관은 하나의 열원을 전부 일로 바꿀 수 있는 기관이다. 예를 들어 고열원이 무한대의 에너지를 갖거나 저열원이 0이어서 없는 경우에 가능하다. 그러나 지금까지 살펴본 대로 이런 열기관은 에너지의 '흐름' 자체를 부정한다. 저열원이 없다 하더라도 에너지의 양 자체는 보존될 수 있으므로 열역학 1법칙은 만족하지만, 저열원이 없는 에너지 흐름은 불가능하므로 열역학 2법칙에 위배되어 결국 2종 영구 기관도 불가능하다.

만약 저열원을 0으로 만들기 위해 저열원의 열을 내보내려면 결국 일이 필요하다. 따라서 추가적인 일 없이 자연적으로는 저열원을 0

으로 만들 수 없다. 영구 기관은 자연의 방향성을 역으로 거슬러 가는 것으로 마치 시간을 되돌려 과거로 갈 수 있다는 이야기와 같다. 참고로 영구 기관에 붙은 1종, 2종이라는 숫자는 각각 그 기관이 위배하는 열역학 법칙에 붙은 숫자와 같다.

열역학 3법칙

열역학 3법칙은 절대온도 0K이 불가능하다는 사실을 나타내는 법칙이다. 예를 들어 이상적인 냉장고가 절대온도 0K이 될 때까지 계속해서 작동한다고 가정해 보자. 냉장고가 해야 할 일은 $W = Q_L + Q_H$ 이다. 에너지의 흐름을 거슬러야 하므로 고온뿐만 아니라 저온에서의 에너지 역시 퍼내야만 0K이 가능하다. 그러나 이상적인 냉장고인 만큼 냉장고를 가동했을 때 우주의 엔트로피는 변화가 없다. 왜냐하면 가역 과정에서 전체 엔트로피는 변화가 없기 때문이다.

이를 확인하기 위해 고온의 계에서 저온의 계로 열이 이동해서 열평형 상태가 되었을 때 전체 계의 엔트로피를 계산해 보자.

$$\triangle S = \triangle S_H + \triangle S_L = -\frac{Q}{T_H} + \frac{Q}{T_L}$$

전체 엔트로피는 이와 같이 나타낼 수 있고 최종 온도는 열평형에 도달해 $T_H = T_L$이므로 $\triangle S = 0$이 된다. 열평형 상태 자체는 에너지의 변화가 없기 때문에 에너지 손실이 없어 가역 과정으로 볼 수 있기 때문이다.

이제 이상적인 냉장고가 작동할 때의 엔트로피를 부분적으로 구해보자. 냉장고는 온도 T_L인 저열원에서 열 Q_L을 제거하고, 온도 T_H인 고열원에서도 열 Q_H를 제거해야 하므로 전체 엔트로피의 변화량은 다음과 같다.

$$\triangle S = \triangle S_L + \triangle S_H = -\frac{Q_L}{T_L} - \frac{Q_H}{T_H}$$

이상적인 냉장고의 순환적인 작동은 앞서 살펴본 것처럼 가역적이므로 전체 엔트로피의 변화가 없다.($\triangle S = 0$) 따라서 $-\frac{Q_L}{T_L} - \frac{Q_H}{T_H} = 0$ 이므로 $Q_H = -Q_L \frac{T_H}{T_L}$로 나타낼 수 있다. 이제 이상적 냉장고가 하는 일 $W = Q_L + Q_H$에 대입하면 다음과 같다.

$$W = Q_L - Q_L \frac{T_H}{T_L} = Q_L (1 - \frac{T_H}{T_L})$$

이제 저열원의 온도가 0이 되려면($T_L \rightarrow 0$) 무한대의 일이 필요하다는 결과를 얻어낼 수 있다. 결국 절대온도 0K에는 도달하지 못한다. 주의할 것은 절대온도가 0K이 될 수 없다는 것이지 0K에 가깝게 가는

게 불가능하다는 것은 아니다.

절대온도가 0K이 될 수 없다는 사실은 불확정성 원리로도 증명할 수 있다. 하이젠베르크의 불확정성 원리는 양자역학에서 위치의 불확정성과 운동량의 불확정성을 동시에 줄일 수 없다는 것인데, 두 개의 관측 가능한 양을 동시에 측정할 때 둘 사이의 정확도에는 물리적 한계가 있다는 원리다. 이 역시 엔트로피처럼 자연의 본모습을 보여주는 양자역학의 근본적 원리다.

$$\triangle x \triangle p \geq h$$

만약 절대온도 0K이 가능하다면 이때 원자의 움직임은 멈춘다. 그렇다면 위치의 불확정성($\triangle x$)이 0이 되기 때문에 원자는 무한대의 운동량을 갖는다. 원자가 무한대의 운동량을 갖는 것 자체가 모순이기 때문에 전제 자체가 잘못되었음을 알 수 있다. 따라서 절대온도 0K은 불가능하다.

여기까지가 이 책에서 다루는 열역학의 모든 것이다. 삶은 여러분의 뜻대로 만들어가는 것이지만, 열역학 법칙은 이 세상이 어떻게 만들어져 있는지를 제시해 준다.

총 6장에 걸쳐 풀어낸 방대한 이야기는 다음과 같이 단 6줄로 요약할 수 있다.

- 손바닥을 비벼 일을 열로 쉽게 전환할 수 있다.
- 그렇다면 열을 가해 손바닥을 비비는 것도 가능해야 하지만, 이는 훨씬 어렵다.
- 하지만 기체의 도움을 받으면 가능하다.
- 과학은 마법이 아니므로 이 과정에서 전환 대상의 양은 보존되어야 한다.(열역학 1법칙)
- 그러고 보니 열을 일로 전환하는 것은 왜 쉽게 되지 않을까?
- 원래 자연이 그렇다.(열역학 2법칙)

1. 엔트로피

클라우지우스	볼츠만
$\triangle S = \dfrac{Q}{T}$	$S = k \ln W$

2. 가역 과정과 비가역 과정

① 가역 과정: 엔트로피의 변화가 없는 되돌릴 수 있는 과정

② 비가역 과정: 엔트로피가 증가하는 되돌릴 수 없는 과정

3. 열역학 2법칙

→ 엔트로피 증가 법칙(자연과 시간의 방향성 제시)

4. 열역학 3법칙

→ 절대온도 0K에서 계의 엔트로피는 0이 된다.(불가능)

5. 영구기관

① 1종 영구기관(불가능): 열역학 1법칙 위배

② 2종 영구기관(불가능): 열역학 2법칙 위배

맺음말

열역학을 자세히 들여다보면 마치 이 세상을 어떻게 살아가야 하는지에 대한 이정표를 제시하는 것만 같다. 본래 삶은 내가 선택한 것이 아니라 주어진 것이다. 이는 그 누구에게도 예외가 없다. 즉 삶이란 개인의 의지와는 아무런 상관없이 시작된다. 그러나 막상 삶을 사는 과정에서는 개인의 의지로 수많은 선택을 해야 하고, 이러한 선택의 결과들이 모여 한 사람의 인생이 된다.

세상에 공짜는 없다.
(열역학 1법칙: 에너지 보존 법칙)

게다가 열정(열)과 노력이 전부 결실(일)을 맺는 것도 아니다.
(열역학 2법칙: 역학적인 일을 전부 열로 바꿀 수 있지만, 열은 전부 일로 바꿀 수 없다.)

그럼에도 불구하고 최선을 다해야만 한다. 왜냐하면 세상일은 일어날 가능성이 높은 방향으로 흘러가기 때문이다.
(열역학 2법칙: 엔트로피 증가 법칙)

아인슈타인이 양자역학을 부정하며 "신은 주사위 놀이를 하지 않는다."라고 했지만, 실제 세상에는 확률로 접근해야 설명할 수 있는 일들이 무척 빈번하다. 반드시 기억해야 할 한 가지는 세상에서 '공짜'인 일들이 발생할 확률은 0에 가깝다는 것이다. 세상에 공짜가 없다는 단순한 진리야말로 현명한 선택을 결정짓는 가장 중요한 기준이다. 그러나 이처럼 단순 명확한 진리가 제 역할을 하지 못하는 경우가 자주 발생하는데 그 이유가 매우 흥미롭다. 바로 확률이 0이 아니라면, 특정 사건이 일어나지 않으리란 법은 없다는 사실 때문이다. 이 때문에 많은 이들이 '공짜'를 '기회'로 착각하는 함정에 빠지게 된다.

우리는 확률에 대한 이해가 필요하다. 쉬운 예를 들어보자. 옛날에 자녀가 셋인 가정의 자녀 구성 성비를 보면 딸 셋이나, 딸 둘에 막내가 아들인 경우가 많았다. 아들을 선호했던 시절이 있었기 때문이다. 아들을 낳고자 했던 가정은 첫째와 둘째가 딸인 경우, 이번이 마지막이라며 셋째 자녀를 계획했다. 이러한 계획의 근거는 앞서 두 번이 딸이었기 때문에 이제는 아들이 태어날 때도 됐다는 희망 섞인 기대였을 것이다.

딸이나 아들이 태어날 확률은 각각 50%이다. 그렇다면 첫째와 둘째가 모두 딸인 경우, 마지막 셋째 아이가 아들인 확률은 얼마일까? 재미있게도 역시 50%이다. 앞서 딸이 태어난 사건은 다음에 태어날 아이의 성별에 아무런 영향을 미치지 않는다. 이러한 확률의 독립성을 이해한다면, 막연한 기대에 근거한 비합리적인 의사 결정을 줄여나갈 수 있다.

그렇다면 이렇게 비합리적인 막연한 기대는 어디서부터 올까? 대중매체는 복권 1등 당첨자의 이야기를 다룬다. 그러나 복권에 당첨되지 못한 수많은 이야기는 그 어디에서도 찾아볼 수 없다. 따라서 대중매체에 노출되어 있으면 너무나 드문 일도 마치 주변에서 흔히 일어나는 일로 착각하게 된다. SNS에 올라오는 남들의 화려한 일상 역시 이와 똑같다.

공짜의 함정은 꿈과 희망이라는 가면 속에 숨어 들어가 사회 전반적으로도 퍼져 있다. 나는 "수험생 여러분! 수능 대박 나세요!"라는 응원을 너무도 싫어한다. 이것이 학생들을 위한 진심 어린 응원이라는 것이 더욱 안타깝다. 이 말 대신 "공부한 만큼 실력 발휘를 하라."라는 말은 응원이 아닌 저주가 된 지 오래이며, 이러한 응원을 보내는 사람은 감성이 결여된 사람으로까지 취급받기도 한다.

실제 시험은 자신의 실력이 100% 반영되어 결과로 나타나기가 어렵기 때문에 실력만큼 시험을 보라는 것은 오히려 열역학 2법칙에 근거한 사려 깊은 응원임이 분명하다. 그러나 이 사회는 실력 이상의 '운'을 바라는 말을 너무도 가볍게, 아무렇지 않게 하고 있다. 은연중에 요행을 바라는 것이 당연시되는 것이다.

물론, 단순히 힘내라는 응원과 기분 좋으라는 말의 의미를 너무 심각하게 받아들이는 것이 아니냐는 반론을 제기할 수도 있다. 하지만 세상에 공짜가 없다는 중요한 이치를 따로 교육할 기회는 그리 많지 않다.

물질적 풍요로움은 과거와 비교할 수 없을 정도로 개선되었다. 그러나 남과 자신을 항상 비교할 수밖에 없는 환경 속에서 느끼는 상대적 박탈감은 오히려 오늘날이 훨씬 심해졌다. 우리는 그 어느 때보다도 정신적으로 빈곤한 시대를 살고 있는지도 모른다. '나는 남들과 달라!'라며 다양성을 표방하지만, 정작 '그렇다면 당연히 남도 나와는 다르지!'라는 것을 인정하지 못한 채 다양성의 의미를 자의적으로 해석하여 왜곡하고 있는지 되물어야 할 것이다. 그러려면 남들이 누리는 것은 나도 모두 누려야 한다는 생각을 버리는 것이 그 출발점일지도 모르겠다.

삶의 주체로써 건강한 가치관과 사고방식, 자신만의 삶의 기준과 철학을 확립하는 것이 무엇보다도 필요하다. 마치 비열이 큰 물질처럼 외부의 열적 자극에 올바르게 저항할 수 있는 자신만의 삶의 철학과 이데올로기가 확립되어야 한다. 그러려면 공짜 없는 세상의 이치를 깨닫고 현실적인 목표를 세우며 이를 실현하려는 노력이 반드시 들어가야만 한다. 그리고 그 노력의 대가인 결과를 기다려 보는 것, 이것이 열역학 1법칙과 2법칙의 가르침이 아닌가 생각해 본다.

그렇다면 열역학 3법칙인 '절대온도 0K은 불가능하다.'는 삶의 어떤 이정표를 제시하는 것일까? 간단하다. 국가와 정부가 존재하는 한 세금은 절대 피할 수 없다. 즉, 절세는 가능하지만 탈세는 불가능하다. 따라서 합법적인 절세를 위해 다양한 세목들에 대한 이해가 필요하며 돈을 버는 한 세법을 공부하라. 너무도 합리적이고 현실적이지 않은가?

읽자마자 이해되는 열역학 교과서

1판 1쇄 펴낸 날 2024년 9월 10일

지은이 이광조
주간 안채원
책임편집 윤성하
편집 윤대호, 채선희, 장서진
디자인 김수인, 이예은
마케팅 함정윤, 김희진

펴낸이 박윤태
펴낸곳 보누스
등록 2001년 8월 17일 제313-2002-179호
주소 서울시 마포구 동교로12안길 31 보누스 4층
전화 02-333-3114
팩스 02-3143-3254
이메일 bonus@bonusbook.co.kr

ISBN 978-89-6494-712-8 03420

• 책값은 뒤표지에 있습니다.

읽자마자 시리즈

읽자마자 수학 과학에 써먹는 단위 기호 사전
이토 유키오·산가와 하루미 지음 | 208면

읽자마자 원리와 공식이 보이는 수학 기호 사전
구로기 데쓰노리 지음 | 312면

읽자마자 과학의 역사가 보이는 원소 어원 사전
김성수 지음 | 224면

읽자마자 문해력 천재가 되는 우리말 어휘 사전
박혜경 지음 | 256면

읽자마자 IT 전문가가 되는 네트워크 교과서
아티클 19 지음 | 176면

읽자마자 우주의 구조가 보이는 우주물리학 사전
다케다 히로키 지음 | 194면